Ansgar Schrode

Niedrigenergiehäuser

Niedrigenergiehäuser

fehlerfrei planen
kostengünstig bauen
mit zahlreichen Lösungsvorschlägen

mit 50 Abbildungen

Dipl.-Ing. Ansgar Schrode

Sachverständiger für Bauphysik
Fachingenieur für Haustechnik
Unabhängiger Energieberater

Rudolf Müller

Die Deutsche Bibliothek – CIP-Einheitsaufnahme

Schrode, Ansgar:
Niedrigenergiehäuser: fehlerfrei planen,
kostengünstig bauen, mit zahlreichen Lösungsvorschlägen /
Ansgar Schrode. -
Köln : R. Müller, 1996
ISBN 3-481-00992-5

ISBN 3-481-00992-5

© Verlagsgesellschaft Rudolf Müller
   Bau-Fachinformationen GmbH & Co. KG, Köln 1996
Alle Rechte vorbehalten
Umschlaggestaltung: Rainer Geyer, Köln
Umschlagfoto: Ansgar Schrode
Satz: Graphische Werkstätten Lehne GmbH, Grevenbroich
Druck: PDC – Paderborner Druck Centrum
Printed in Germany

Die vorliegende Broschur wurde auf umweltfreundlichem Papier
aus chlorfrei gebleichtem Zellstoff gedruckt.

Vorwort

Seit 20 bis 30 Jahren werden im Ausland, vor allem in Skandinavien und Nordamerika, Niedrigenergiehäuser gebaut. Dabei werden für bisherige mitteleuropäische Verhältnisse überdimensionale Wärmedämmungen verwirklicht. In den allermeisten Fällen werden auch Systeme zur kontrollierten Wohnungslüftung eingebaut.

Vor etwa 20 Jahren begann die Umweltschutzbewegung auch im deutschsprachigen Raum, Niedrigenergiehäuser zu propagieren. 1988 gab das Bundesbauministerium Empfehlungen zum Bau von Niedrigenergiehäusern heraus.

Der Autor hat 1986 sein eigenes Wohnhaus mit Büro als Niedrigenergiehaus gebaut und dabei bezüglich des niedrigen Energieverbrauchs sehr positive Erfahrungen gesammelt.

Durch ehrenamtliche Arbeit hat der Autor in entscheidendem Maße die Linie des BUND für Umwelt und Naturschutz Deutschland e. V. in Sachen energiesparendes Bauen mitgeprägt.

Er betreibt ein Ingenieurbüro und ist beratend, planerisch sowie als Gutachter auf den Gebieten Bauphysik, Haustechnik und Energieberatung tätig.

Im Rahmen seiner beruflichen Tätigkeit mußte er feststellen, daß im Gegensatz zu seinen Erfahrungen viele Niedrigenergiehäuser immer noch zuviel Heizenergie verbrauchen. Vor allem besteht eine sehr große Dunkelziffer, was den Stromverbrauch als Hilfsenergie für den Betrieb von Pumpen, Ventilatoren, Vor-, Nach-, Begleitheizung und dergleichen anbetrifft. In manchen Fällen waren diese Stromkosten bereits doppelt so hoch wie die eigentlichen Verbrauchskosten für Heizung und Warmwasserbereitung mit Öl oder Gas.

Insofern genügt es nicht nur, von Niedrigenergiebauweise zu reden. Vielmehr muß deutlich auf mögliche Fehlerquellen wie Wärmebrücken, Undichtigkeiten, falsche Haustechnik und sonstige Planungs- und Ausführungsfehler hingewiesen werden, was sich dieses Werk zur Aufgabe gemacht hat.

Schwerpunktmäßig wird auf den Wohnungsneubau eingegangen, was jedoch andere Gebäudetypen und besonders die Altbausanierung nicht ausschließen soll.

Genauso selbstverständlich wie die Fehlervermeidung sollte auch der sparsame Umgang mit Haushaltsstrom sein, auch wenn im Rahmen dieses Buches hierauf nicht eingegangen werden kann.

Die nachfolgenden Ausführungen sollen wertvolle Anregungen für sämtliche am Bau Beteiligten darstellen und Lösungsansätze, besonders für die Vermeidung von Schwachpunkten, aufzeigen, können jedoch vor allem im haustechnischen Bereich eine detaillierte ingenieurmäßige Planung nicht ersetzen. Die Vielfalt der einzelnen Konstruktionen kann beispielsweise den üblichen Bauteilkatalogen entnommen werden, wobei die dort aufgeführten Details unter den hier aufgeführten Gesichtspunkten gesehen werden sollen.

Stuttgart, im Juli 1996   *Ansgar Schrode*

Inhalt

1 Definition des Niedrigenergiehauses

Niedrigenergiehäuser zeichnen sich, wie der Name sagt, vor allem durch einen sehr niedrigen Heizenergieverbrauch aus. Dabei werden die einzelnen Bauteile für bisherige Verhältnisse überdurchschnittlich gut gedämmt, soweit es mit vertretbaren Kosten möglich ist. Ähnliches gilt für die Fenster.

Eine kompakte Gebäudehülle, bei der die benötigte Wohnfläche mittels einer möglichst klein dimensionierten Hüllfläche umschlossen wird, hilft außerdem, den Energieverbrauch und die Baukosten zu senken. Daß die Gebäudehülle wind- bzw. luftdicht sein muß, ist ebenso selbstverständlich wie die Vermeidung von Wärmebrücken.

Ein System zur kontrollierten Lüftung ist ebenfalls Bestandteil des Niedrigenergiehauses. Es sollte aber, schon aus hygienischen Gründen, nicht nur hier eingeplant werden. Ein solches System stellt bei minimalen Lüftungswärmeverlusten ein hygienisch einwandfreies Raumklima sicher. Als Standard werden einfache Abluftanlagen mit Entlüftung der Naßräume und passiven Nachstromöffnungen in den Aufenthaltsräumen angesehen. Systeme mit Wärmerückgewinnung können im Einzelfall die Lüftungswärmeverluste noch etwas weiter reduzieren, sind jedoch nicht zwingend erforderlich.

Ein flink reagierendes Heizungssystem mit möglichst verlustarmer Wärmeerzeugung kann Wärme für die Heizung und die Warmwasserbereitung bereitstellen.

Nicht zuletzt sollte die Hilfsenergie Strom zum Antrieb von Pumpen, Ventilatoren und dergleichen auf ein Minimum begrenzt werden.

So ist eigentlich ein Niedrigenergiehaus nichts Besonderes, nur wird durch Maßnahmen wie besserer Wärmeschutz und dergleichen der Energieverbrauch stark reduziert. Ferner gilt es, Baufehler zu vermeiden, die eigentlich ohnehin auch unabhängig vom Niedrigenergiehaus vermieden werden sollten.

Der Niedrigenergiestandard kann auf dreierlei Weisen definiert werden:

• durch die Vorgabe von Einzelanforderungen (beispielsweise Begrenzung der k-Werte)

• durch den zu erwartenden Heizenergieverbrauch

• durch den Vergleich mit der Wärmeschutzverordnung.

1.1 Definition über Einzelanforderungen

Um die Transmissionswärmeverluste gering zu halten, sollten die nachfolgend genannten Wärmedurchgangskoeffizienten (k-Werte) nicht überschritten werden.

Tabelle 1: Empfehlungen für die Begrenzung von k-Werten einzelner Bauteile

Fenster:	$k = 1,5$	W/m^2K
Außenwände:	$k = 0,2$ bis $0,3$	W/m^2K
Dächer und dergleichen:	$k = 0,15$ bis $0,2$	W/m^2K
Bauteile gegen Keller und Erdreich:	$k = 0,3$ bis $0,4$	W/m^2K

Nach Möglichkeit sollten die kleineren der hier angegebenen Werte angestrebt werden, da die Mehrkosten hierfür je nach der gewählten Konstruktion oft nur sehr gering sind.

1.2 Definition über den Heizenergieverbrauch

In verschiedenen Fachbüchern und Zeitschriften findet man für den Heizenergieverbrauch Werte zwischen 30 und 70 kWh/m^2 a (Kilowattstunden pro Quadratmeter beheizter Wohnfläche während eines Jahres). In Einzelfällen wird die Obergrenze auch mit 80 oder 90 kWh/m^2 a angegeben.

Hierbei handelt es sich um den reinen Heizenergieverbrauch für Transmissions- und Lüftungswärmeverluste einschließlich der heizungsbedingten Verluste, jedoch ohne den Energieaufwand für die Brauchwassererwärmung und ohne elektrische Hilfsenergie.

Nach den Erfahrungen des Autors können Werte von 50 kWh/m^2 a erreicht werden, wenn eine durchdachte Planung und korrekte Bauausführung zugrunde liegt. Dies wird unter anderem durch sein eigenes 1986 gebautes Niedrigenergiehaus (150 m^2 beheizte Wohnfläche) bestätigt, welches zu den ersten in Süddeutschland erstellten Niedrigenergiehäusern zählt.

Zum Vergleich: Gebäude nach der Wärmeschutzverordnung 1982/84 verbrauchen 140 bis 180 kWh/m^2 a, Altbauten bis zu 400 kWh/m^2 a. Der Durchschnittsverbrauch des gesamten Gebäudebestands liegt bei etwa 250 kWh/m^2 a.

1.3 Vergleich mit der Wärmschutzverordnung

Seit die dritte Wärmeschutzverordnung vom 16. August 1994 in Kraft ist (gültig ab 1. Januar 1995), hat es sich eingebürgert, von Niedrigenergiebauweise dann zu sprechen, wenn die Vorgaben für den »Heizwärmebedarf« nach dieser Verordnung um 30 % unterschritten sind.

Unter Heizwärmebedarf nach dieser Verordnung versteht man den vorausberechneten Energieeinsatz zur Deckung der Transmissions- und Lüftungswärmeverluste unter Einbeziehung interner Wärmequellen und der Sonneneinstrahlung. Vereinfacht könnte man dies auch als die vom Heizungssystem an das Haus abzugebende Wärme bezeichnen.

Nach den Vorgaben dieser Verordnung darf je nach Gebäudetyp beziehungsweise nach dem A/V-Verhältnis der Heizwärmebedarf 54 bis 100 kWh/m² a nicht überschreiten. (Unter dem A/V-Verhältnis versteht man den nach den Außenmaßen berechneten Koeffizienten von wärmeübertragender Fläche zu beheiztem Volumen.)

Entsprechend den Verlautbarungen und Presseveröffentlichungen des Bundesbauministeriums soll durch diese Verordnung gegenüber der Wärmeschutzverordnung von 1982/84 bei Neubauten etwa 30 % Energie eingespart werden. Berücksichtigt man beim tatsächlichen Verbrauch von 140 bis 180 kWh/m² a nach der alten Wärmeschutzverordnung die Heizungsverluste mit 15 % und zieht davon weitere 30 % ab, so liegt man bei Werten zwischen 84 und 108 kWh/m² a. Hieraus muß der Schluß gezogen werden, daß entweder durch die neue Wärmeschutzverordnung mehr Energie eingespart wird als die genannten 30 % oder daß das Berechnungsverfahren der Wärmeschutzverordnung die errechneten Werte beschönigt.

Nach Untersuchungen des Autors (veröffentlicht unter: A. Schrode, G. Löser: Kritik an der neuen Wärmeschutzverordnung mit Vorschlägen aus der Praxis. In: das bauzentrum, Heft 5/1994) und namhafter Kollegen (z. B. W. Feist: Unzulänglichkeiten des Rechenverfahrens nach dem Entwurf der neuen Wärmeschutzverordnung. In: Sonnenenergie & Wärmepumpe, Jahrgang 16, Heft 6/1991) hat sich herausgestellt, daß letzteres zutrifft.

Die Ursachen hierfür sind hauptsächlich wie folgt begründet:

• Die internen Wärmequellen sind zumindest für stromsparende Haushalte in Niedrigenergiehäusern relativ hoch angesetzt.

• Die nutzbare Sonneneinstrahlung durch transparente Bauteile (Fenster und Verglasungen) wird überbewertet.

- Der errechnete Heizwärmebedarf wird auf eine fiktive Wohn- beziehungsweise Nutzfläche bezogen, die sich aus 32 % des nach den Außenmaßen bestimmten beheizten Gebäudevolumens berechnet. In nahezu allen Fällen resultiert hier eine im Vergleich zur tatsächlich beheizten Wohnfläche wesentlich größere Fläche. Wenn der Gesamtheizwärmebedarf auf eine zu große Fläche bezogen wird, so ergeben sich dementsprechend günstigere flächenbezogene Werte.

Beim Betrachten der flächenbezogenen einzuhaltenden Zahlenwerte nach der neuen Wärmeschutzverordnung könnte man durchaus zu dem Schluß kommen, daß es sich hier um Niedrigenergiebauweise handelt, was jedoch noch keineswegs der Fall ist.

Erfreulicherweise haben bereits sehr viele Fachingenieure und zum Teil auch Architekten das Berechnungsverfahren der neuen Wärmeschutzverordnung auf EDV und arbeiten damit. Oft führen sie sogar Optimierungen durch. Es hat sich jedoch gezeigt, daß für Optimierungen bezüglich des tatsächlich zu erwartenden Energieverbrauchs das Berechnungsverfahren der neuen Wärmeschutzverordnung nicht geeignet ist.

Dies liegt vor allem daran, daß die Sonneneinstrahlung je nach Orientierung pauschal mit einem konstanten Wert pro Quadratmeter Fensterfläche berechnet werden darf. Berechnungen mit genauen Simulations- beziehungsweise Bilanzierungsprogrammen zeigen jedoch, daß die Sonneneinstrahlung im Berechnungsverfahren der neuen Wärmeschutzverordnung stark überbewertet wird. Vor allem läßt sich pro Quadratmeter Fensterfläche bei kleinen Südfenstern mehr passive Sonnenenergie nutzen als bei größeren Flächen. Oft werden auch tatsächlich vorhandene Beschattungen in der Planungsphase nicht berücksichtigt. Ferner müssen bei Optimierungsberechnungen Fenster, welche kaum diffuse Lichteinstrahlung bekommen, weil sie sich beispielsweise in einem Lichtschacht befinden oder sehr stark verschattet sind, ohne Solarbonus berechnet werden. Hier darf nach der Wärmeschutzverordnung jedoch der Bonus für Nordorientierung eingesetzt werden.

1.4   Energiebilanz eines Beispielhauses

Zur Veranschaulichung soll am Beispiel eines Einfamilienhauses gezeigt werden, welche Energieverbrauchswerte einschließlich der Hilfsenergie Strom erreicht werden können und welche jährlichen Verbrauchskosten hierbei in etwa entstehen.

Zur Verdeutlichung: 1 l Heizöl enthält etwa 10 kWh und entspricht in erster Näherung 1 m^3 Erdgas.

Abb. 1: Beispiel: Optimiertes Niedrigenergiehaus (Zahlen in Tabelle 2)

Tabelle 2: Beispiel für den Jahres-Heizenergieverbrauch eines optimierten
Niedrigenergie-Einfamilienhauses mit 150 m² Wohnfläche
(tatsächliche Verbrauchswerte – gerundet)
(Wärmekosten 0,05 DM/kWh, Stromkosten 0,25 DM/kWh)

• Transmissionswärmeverluste (k_F = 1,4 W/m²K, k_D = 0,2 W/m²K, k_w = 0,3 W/m²K, k_G = 0,4 W/m²K)	5 000 kWh	(250,00 DM)
• Lüftungswärmeverluste (nicht vermeidbare Undichtigkeiten, kontrollierte Lüftung mit Wärmerückgewinnung)	1 000 kWh	(50,00 DM)
• Warmwasserverbrauch (vier Personen)	2 000 kWh	(100,00 DM)
• Heizungs- und Bereitstellungsverluste (indirekt beheizter Brauchwasserspeicher, ölbefeuerter Niedrigtemperaturkessel)	2 500 kWh	(125,00 DM)
• Stromverbrauch für Umwälzpumpe, Ventilatoren, Heizkessel und so weiter	450 kWh	(112,50 DM)
Summe	10 500 kW Wärme, 450 kW Strom (637,50 DM)	

2 Gebäudehülle

2.1 Definition: dämmende Gebäudehülle

Zu Beginn einer Neuplanung oder eines Umbaues beziehungsweise einer Renovierung muß man sich klarmachen, welche Räume beheizt und welche nicht beheizt werden sollen.

Zu den beheizten Räumen zählen auch indirekt beheizte, welche zwar nicht über eine eigene Heizquelle verfügen, jedoch zu beheizten Räumen mittels wenig gedämmten Bauteilen und zur Außenluft oder zu kalten Räumen beziehungsweise zum Erdreich mit gut dämmenden Bauteilen abgegrenzt sind. Man kann also der Einfachheit halber zwischen warmen und kalten Räumen unterscheiden.

Bereits bei der Planung müssen die nachfolgend erwähnten Zusammenhänge beachtet werden:

- Warme Räume sollten möglichst eng aneinandergelegt und nicht durch kalte Räume unterbrochen werden.

- Danach sollte die dämmende Gebäudehülle möglichst eng und wärmebrückenfrei um die warmen Räume herumgelegt werden.

- Die dämmende Gebäudehülle muß sich auch mit der luftdichten Gebäudehülle decken.

So banal diese Zusammenhänge sind, so erstaunlich ist es, daß in der Praxis noch viel zu oft dagegen verstoßen wird.

Pufferräume bringen nur dann eine Energieeinsparung, wenn sie der dämmenden und luftdichten Gebäudehülle vorgelagert sind, so daß die Wärmeverluste der beheizten Räume nicht direkt gegen Außenluft, sondern gegen einen etwas wärmeren Bereich anfallen. Dies ist beispielsweise der Fall, wenn ein Geräteschuppen oder eine Garage angebaut wird, jedoch die Trennwand zum Gebäude selbst so gut gedämmt wird wie die anderen Außenwände.

Werden Pufferräume mit in die dämmende beziehungsweise luftdichte Gebäudehülle mit einbezogen, so erhält man eine Oberflächenvergrößerung und damit höhere Energieverluste. Dies ist nur dann sinnvoll, wenn man zum Beispiel einen Abstellraum bewußt temperieren oder frostfrei halten möchte. Wird dagegen eine Garage oder ein nichtgedämmter und von außen zugängiger Abstellraum angebaut und werden dabei die Trennwände zum Haus schlechter gedämmt als die Außenwände, so würde sich der Energieverbrauch des Hauses sogar erhöhen.

Diese Theorie soll an zwei Beispielen veranschaulicht werden:

- Wenn der Dachraum nicht ausgebaut werden soll, so muß nicht die Dachschräge, sondern die oberste Geschoßdecke gedämmt werden. Diese stellt oft nur die Hälfte der zu dämmenden Fläche dar. Ferner werden die Wärmeübertragungsfläche und die dadurch bedingten Wärmeverluste auf dieses Maß reduziert. Bezüglich der Luftdichtigkeit ist neben den allgemeinen Kriterien zu beachten, daß Dachluken, Einschubtreppen und Türen zum Dachraum dicht schließen müssen, was zum Beispiel durch Fensterrahmen mit Mehrfachverriegelung mit gegebenenfalls nichttransparenter, wärmedämmender Füllung relativ preiswert machbar ist.

- Besonders in Einfamilienhäusern sind Kellerabgänge oft direkt oder indirekt mit dem Wohnraum verbunden. In vielen Fällen werden hier kalte und warme Räume nach den Prinzipien der dämmenden und luftdichten Gebäudehülle nicht voneinander getrennt.
  Eine Möglichkeit der Trennung wäre, den Treppenabgang im Erdgeschoß durch dämmende Wände und dichte Türen abzuteilen, wobei alle den kalten Kellerabgang umschließenden Bauteile einschließlich der darüberliegenden wärmeübertragenden Treppe gedämmt werden müssen.
  Damit die Kellerabgangssituation etwas großzügiger wirkt, sind heute eher offene Kellerabgänge erwünscht. Diese Kellerabgänge müssen dann eine konsequente Innendämmung auf allen vier Wänden sowie eine gute Dämmung im Fußbodenaufbau aufweisen. Meist müssen noch zusätzliche Maßnahmen zur Vermeidung der Wärmebrücken im Kellerdeckenbereich von unten durchgeführt werden. Ferner empfiehlt es sich, von diesem gedämmten Kellerabgang aus eine dichte und gedämmte Tür (zum Beispiel: Fenstertür mit Mehrfachverriegeung und nichttransparenter Beplankung mit dazwischenliegender Dämmung einschließlich Dampfsperre) in einen Kellerflur münden zu lassen, welcher dann die einzelnen Kellerräume über relativ preiswerte Türen ohne besondere Anforderung an die Wärmedämmung und Dichtigkeit erschließt.

2.2   Vermeidung von Wärmebrücken

Wärmebrücken (gleichbedeutend mit dem physikalisch nicht ganz korrekten Ausdruck »Kältebrücken«) müssen beim Bauen und Renovieren grundsätzlich vermieden werden. Schon wegen der Gefahr der Oberflächenkondensation können Wärmebrücken nicht nur beim Niedrigenergiehaus schlimme Feuchteschäden hervorrufen.

Auch weniger stark ausgeprägte Wärmebrücken sollten unbedingt verhindert werden, da die dadurch bedingte raumseitige Oberflächentemperaturabsenkung nur dann toleriert werden kann, wenn die Luftwechselrate erhöht wird. Die in den nachfolgenden Kapiteln empfohlenen Luftwechselraten beziehen sich auf wärmebrückenfreie Konstruktionen.

Die Erhöhung der Transmissionswärmeverluste durch Wärmebrücken fällt im Niedrigenergiehaus wesentlich stärker ins Gewicht als bei konventionellen Bauten.

Man unterscheidet zwischen geometrischen und konstruktiven Wärmebrücken:

- **Geometrische Wärmebrücken**
  entstehen zum Beispiel beim monolithischen Mauerwerk an Ecken, wo der Wärmeabfluß durch die vergrößerte Außenoberfläche wesentlich stärker ist als die Wärmeaufnahme durch die relativ geringe Innenoberfläche. Ferner gelangt die Wärme des Heizungssystems vom Raum aus nicht so gut in die Ecke wie an die ungestörte Wand. Die Raumluftfeuchte kann sich jedoch durch Diffusion innerhalb des Raumes überall gleichmäßig ausbreiten und diese kritischen Punkte erreichen, so daß an dieser Schwachstelle derselbe Wasserdampfpartialdruck (Wasserdampfkonzentration) wie im Raum herrscht. Da jedoch die raumseitige Oberflächentemperatur stark abgesenkt ist, kann es zur Unterschreitung der Taupunkttemperatur und somit zur Oberflächenkondensation mit der Folge von Schimmelpilzbildung und Versporung kommen.

- **Konstruktive Wärmebrücken**
  entstehen durch den Wechsel von Baustoffen innerhalb eines Bauteils oder am Anschluß zwischen verschiedenen Bauteilen. Auf die Vermeidung konstruktiver Wärmebrücken soll in den folgenden Abschnitten noch detailliert eingegangen werden.

Auch DIN 4108 – Wärmeschutz im Hochbau – Teil 2 (Ausgabe August 1981) unterscheidet (frei formuliert) geometrische und konstruktive Wärmebrücken. Hier sind geometrische Wärmebrücken erlaubt, konstruktive jedoch nicht.

Es gibt also Vorschriften zur Vermeidung von Wärmebrücken; Unklarheit besteht jedoch darin, ab wann es sich um eine Wärmebrücke handelt. Zu DIN 4108 ist eine Ergänzung in Vorbereitung, in der Lösungsvorschläge zur Vermeidung von Wärmebrücken dargestellt werden.

Zur Berechnung und Einschätzung von Wärmebrücken gibt es detaillierte Berechnungsverfahren, mit denen sich mittels Computerprogrammen die Oberflächentemperaturen in den kritischen Bereichen berechnen lassen. Hierbei ist es jedoch wichtig, daß nicht nur der stationäre Fall, sondern auch Absenkungen der Raumtemperatur, zum Beispiel durch Nachtabsenkung beziehungsweise Nachtabschaltung der Heizungsanlage, sowie ein erschwerter innerer Wärmeübergang durch Möblierung berücksichtigt wird.

Aus dem Umgang mit solchen Berechnungsverfahren lassen sich für den täglichen Gebrauch Faustformeln zur Einschätzung beziehungsweise Vermeidung von Wärmebrücken formulieren. So sollte bei geometrischen Wärmebrücken die Dämmung mindestens 1 m weit überlappen beziehungsweise die Wärme von innen nach außen mindestens 1 m über nichtdämmende Baustoffe zurücklegen müssen. Hierbei zählen zu den dämmenden Baustoffen neben Dämmstoffen im eigentlichen Sinne auch Holz oder Dämmsteine, in Zahlen ausgedrückt: alle Baustoffe, welche eine Wärmeleitfähigkeit von höchstens 0,2 W/mK aufweisen.

Die Angabe von 1 m bezieht sich auf die Vermeidung von Oberflächenkondensation. Im Niedriegenergiehaus sollte man dieses Maß auf 2 m beziehungsweise auf eine Geschoßhöhe erhöhen.

Nachfolgend werden die wichtigsten konstruktiven Wärmebrücken aufgelistet sowie aufgezeigt, welche Möglichkeiten zu ihrer Vermeidung bestehen.

2.2.1 Balkone

Holzbalkone stellen keine Wärmebrücke dar, solange sie nur über einzelne Metallstege mit dem massiven Baukörper verbunden sind.

Bei massiven Balkonen kann die Deckenplatte durchbetoniert werden, wenn diese beidseitig (oben und unten) und an den Seiten sowie gegebenenfalls den Stirnflächen gedämmt werden.

Es besteht jedoch auch die Möglichkeit, einen »Isokorb« einzubauen, wobei an der Gebäudekante in Dämmebene etwa 5 cm Hartschaum (leider momentan noch nicht mehr) eingebaut wird. Die Statik wird durch spezielle Edelstahlanker gewährleistet, welche den Hartschaum durchdringen und sämtliche auftretenden Kräfte in ausreichendem Maße übertragen können. Der Vorteil hierbei ist, daß auf dem Balkon bezüglich des Wärmeschutzes kein besonderer Aufbau nötig ist, lediglich eventuell aus Gründen des Trittschallschutzes.

Oft wird die Wärmebrücke auch von innen eliminiert, indem an der Deckenunterseite ein Streifen Dämmplatten einbetoniert wird und der oberhalb der Decke befindliche schwimmende Estrich für eine thermische Trennung sorgt. Meist wird jedoch übersehen, daß Innenbauteile, wie zum Beispiel Innenwände, direkten thermischen Kontakt zur Balkonplatte aufweisen und somit diese Dämmung nur in sehr wenigen Fällen eine befriedigende Lösung liefert.

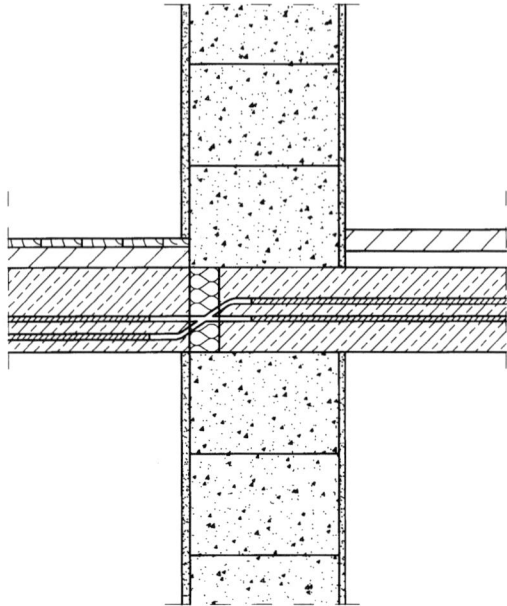

Abb. 2: Isokorb zur thermischen Trennung von massiven Balkonplatten

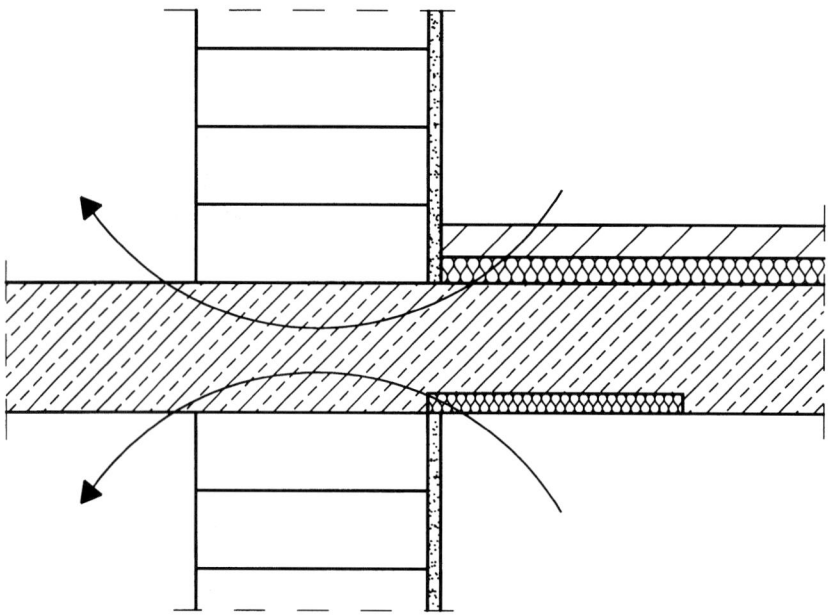

Abb. 3: Wärmebrücke am Balkon über Innenwänden – trotz schwimmenden Estrichs
        und Dämmung der Decke von unten

2.2.2 Fensterleibungen

Wenn man davon ausgeht, daß übliche Fensterkonstruktionen aus etwa 6 cm starken Rahmen bestehen, so kann beim monolithischen Mauerwerk im Bereich des Fensterrahmens die Wärme über den sehr kurzen Weg von lediglich 6 cm von innen nach außen übertragen werden, während sich bei Außenwänden mit zusätzlichen Dämmsystemen diese Wärmebrücke nahezu überhaupt nicht auswirkt. So muß bei der Außendämmung beachtet werden, daß die Dämmung direkt an das Fenster anschließt.

Die Leibungen mit reduzierter Dicke (zum Beispiel 2 bis 3 cm) zu dämmen, stellt allenfalls für Altbausanierungen eine Lösung dar, sofern man sich nicht für die bessere Möglichkeit entscheidet, zugleich neue Fenster bündig mit der Außenkante des Mauerwerks oder in der Dämmebene einzubauen.

Die einfachste Möglichkeit in Verbindung mit Außendämmungen ist, die Fenster außenbündig mit dem Mauerwerk einzusetzen und die Dämmung so auszuführen, daß sie den Fensterrahmen zu einem großen Teil überdeckt. Somit lassen sich aufwendige Dämmarbeiten in der Leibung vermeiden. Der Nachteil bei sehr dünnem Mauerwerk (zum Beispiel: 17,5 cm) und einer eventuell mindestens genauso dicken Außendämmung ist der, daß das Fenster dann relativ weit innen sitzt.

Aus architektonischen Gründen sollen von außen die Fensterleibungen als nicht allzu tiefe Löcher erscheinen, und innen soll genügend Platz für einen großzügig dimensonierten Fenstersims sein. Darum hat man in manchen Fällen schon die Fenster vor das Mauerwerk montiert, indem diese auf Winkel aufgesetzt und von außen am Mauerwerk befestigt wurden. Man kann somit die Fensterrahmen direkt in der Dämmebene unterbringen. Nur sollte die Dämmung nicht seitlich des Rahmens aufhören, sondern mit etwas geringerer Stärke eventuell zwei Drittel des Rahmenanteils überbrücken. Wenn bei Altbausanierungen zu kleine Fenster vorhanden sind, so emp

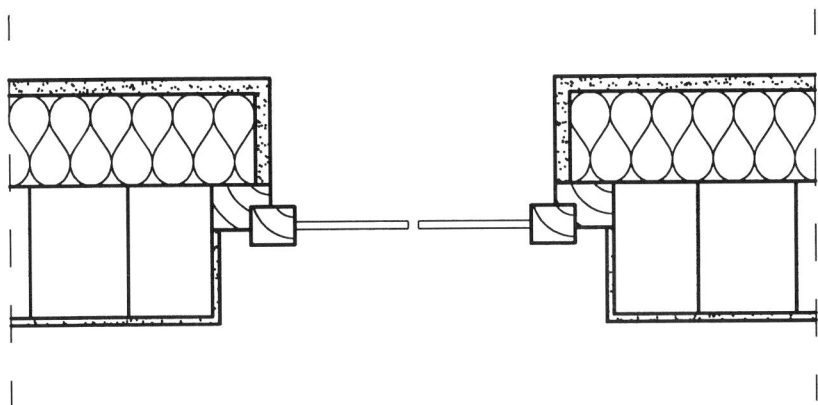

Abb. 4: Fensterdetail bei Außendämmung – Anschluß außenbündig am Mauerwerk

fiehlt es sich, die von außen aufgesetzten Fenster sogar etwas größer als die Rohbauöffnung zu dimensionieren, so daß der bewegliche Rahmen sich gerade noch
öffnen läßt.

Bei Innendämmungen müssen die Fensterleibungen zumindest mit reduzierter Stärke gedämmt werden, wenn die Fenster an der üblichen Stelle in die Leibung eingebaut werden sollen.

Bei denkmalgeschützten Altbauten mit Innendämmung wurden schon Fälle realisiert, in denen die neuen wärmeschutzverglasten Fenster etwas größer als die
Fensterleibung bemessen und von innen auf dem Mauerwerk befestigt wurden, so
daß sie in der Ebene der Innendämmung lagen. Die bisher vorhandenen einfach verglasten Sprossenfenster blieben erhalten. Der Glasausschnitt des neuen von
innen davorgesetzten Fensters wurde so bemessen, daß das bisherige Fenster voll
sichtbar war.

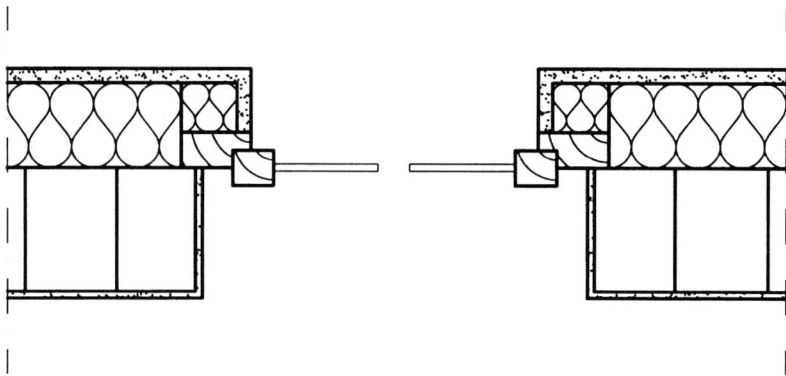

Abb. 5: Fensterdetail bei Außendämmung – Fenster in Dämmebene vor dem Mauerwerk

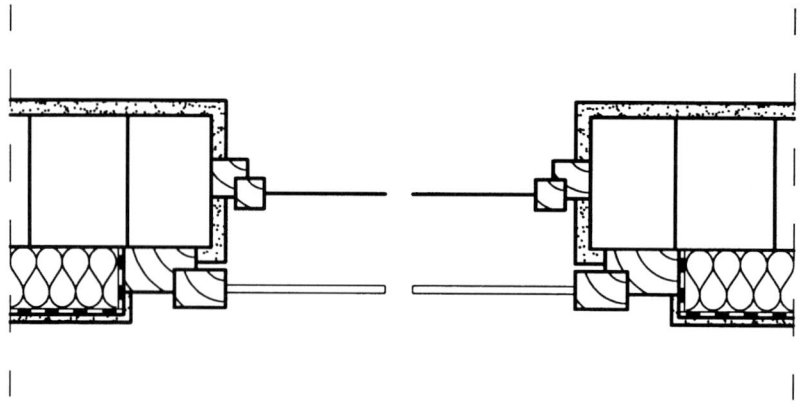

Abb. 6: Fenster bei Innendämmung – alte, einfach verglaste Fenster wurden beibehalten,
        neues Fenster in Dämmebene

2.2.3 Fußpunkte von Wänden

Massive Innen- wie auch Außenwände, welche auf einer kalten Bodenplatte oder kalten Kellerdecke aufsitzen, stellen Wärmebrücken zur Außenluft dar, wenn die Außendämmung nicht weit genug überlappt.

Oft ist eine solche Überlappung nicht möglich, oder es ist auch die Gefahr gegeben, daß in Kellerräumen (besonders in Mehrfamilienhäusern) Fenster über längere Zeit geöffnet werden und somit die Außendämmung umgangen wird. Auch soll auf die Situation hingewiesen werden, wenn sich im Untergeschoß Tiefgaragen befinden, bei denen die Einfahrt nur durch Gittertore oder überhaupt nicht verschlossen ist. Ähnliche Wärmebrücken entstehen an den Fußpunkten von massiven Wänden auch gegen Kellerräume und Erdreich, welche neben der Gefahr von Feuchteschäden auch eine Minderung der Behaglichkeit sowie Erhöhung der Wärmeverluste mit sich bringen.

Am effektivsten lassen sich solche Wärmebrücken beseitigen, wenn die unterste Steinreihe dieser Wände als Dämmstein mit einer Wärmeleitfähigkeit von höchstens 0,2 W/mK (besser nur halb so hoch) eingebaut wird. Sofern es sich um Bauteile mit höheren Schallschutzanforderungen (zum Beispiel: Wohnungstrennwände) handelt, genügt es, diesen Stein mit 115 mm Höhe einzubauen, so daß er vom schwimmenden Estrich verdeckt wird und keine Schallbrücke darstellt. Ferner gibt es für diesen Einsatzfall auch statisch hoch belastbare Dämmstoffstreifen aus Schaumglas mit einer Wärmeleitfähigkeit von 0,055 W/mK.

Wenn die Fußpunkte gedämmt sind, genügt es, die Außendämmung bis zur Unterkante des Dämmsteines beziehungsweise Dämmstoffstreifens herunterzuziehen.

In der Praxis werden oft Wärmebrücken von Außenwänden beachtet, jedoch nicht von Innenwänden, weshalb speziell noch einmal auf diese hingewiesen werden soll. Auch werden oft bei den tragenden Wänden Dämmsteine oder Dämmstoffstreifen eingebaut, jedoch bei den nichttragenden Wänden, die erst später eingemauert werden, vergessen.

Bezüglich der Druckfestigkeit von Dämmsteinen oder Dämmstoffstreifen gibt es bei Streckenlasten meist keine Probleme, jedoch bei Punktlasten wie zum Beispiel Pfeilern. Hier müssen dann Steine mit einer Wärmeleitfähigkeit von zum Beispiel 0,21 statt 0,12 W/mK gewählt werden.

Wenn Betonstützen oder andere Betonbauteile benötigt werden, so müssen diese neben der relativ dicken Außendämmung eine zusätzliche Innendämmung von mindestens 2 cm Dicke erhalten, damit sie keine Wärmebrücken darstellen.

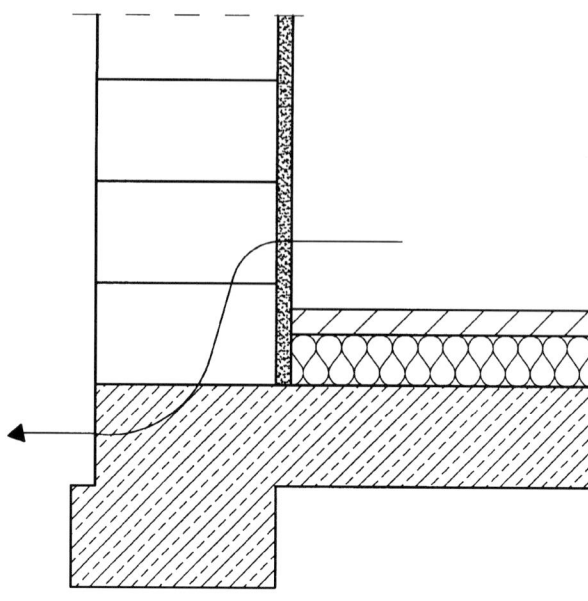

Abb. 7: Dämmstein am Fußpunkt des Mauerwerkes auf kalter Bodenplatte

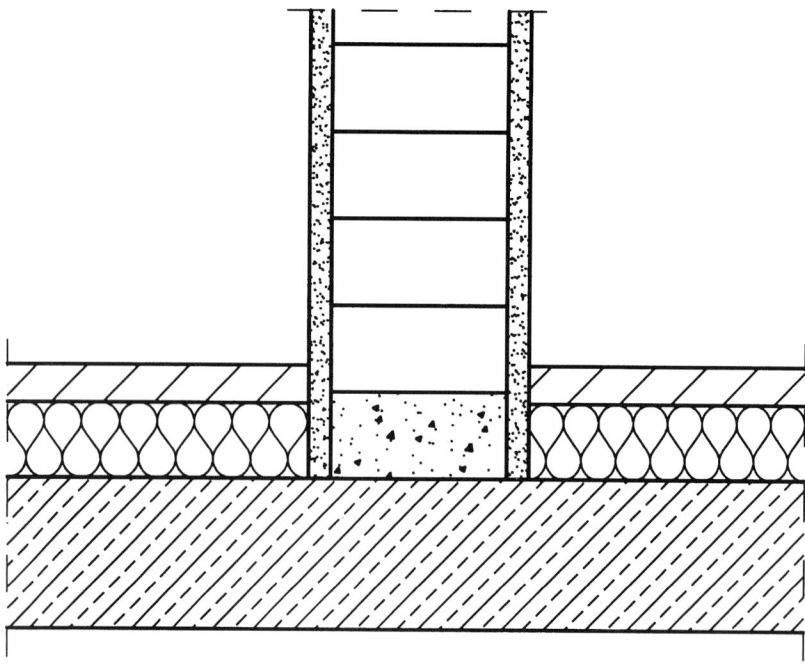

Abb. 8: Dämmstein am Fußpunkt einer Wohnungstrennwand

2.2.4 Oberer Abschluß von Wänden

Der obere Abschluß sowohl von Außen- als auch Innenwänden im Dachbereich erfordert ebenso eine gewisse Sorgfalt, damit keine Wärmebrücken entstehen.

In vielen Fällen wird die Wand an den Schrägen ausbetoniert, ohne daß eine zusätzliche Dämmung eingebaut wird.

Bei Innenwänden (auch bei Wohnungstrennwänden mit erhöhten Schallschutzanforderungen) genügt es, wenn die Wände etwa ein Drittel der in der Dachschräge befindlichen Dämmschicht durchdringen, so daß noch zwei Drittel der Dämmschicht die Wände zur Außenluft hin überdecken.

Wenn Dachgeschosse nicht ausgebaut werden und die oberste Geschoßdecke gedämmt wird, so müssen sämtliche Wände in der Höhe der Deckendämmschicht eine Reihe Dämmsteine oder Dämmstoffstreifen erhalten.

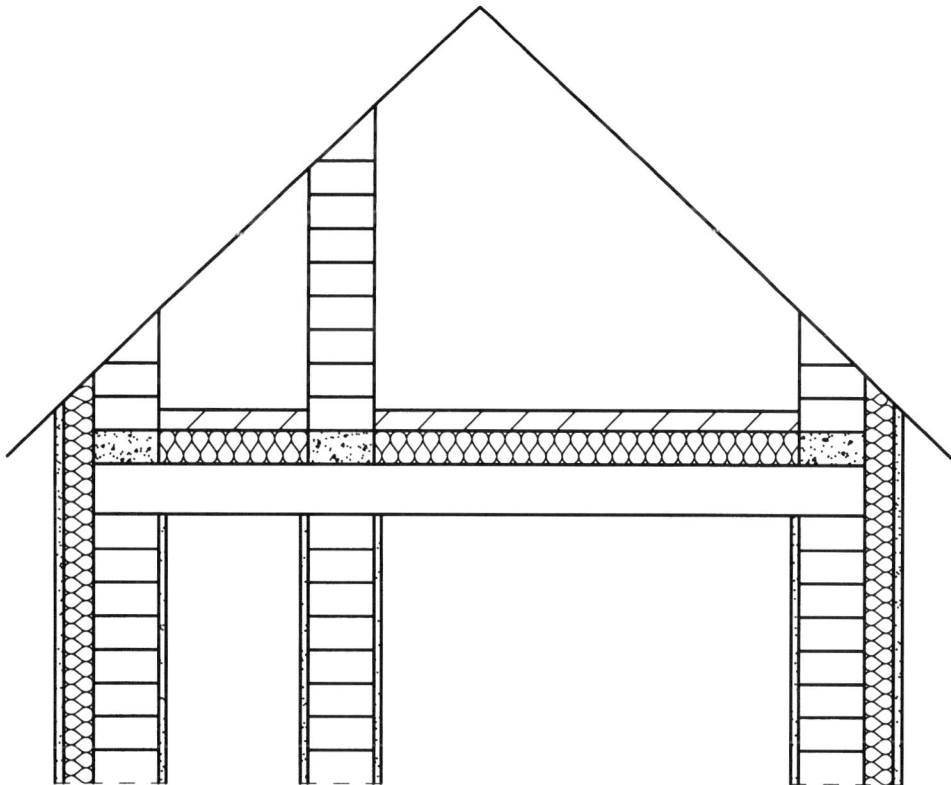

Abb. 9: Dämmstein in der Höhe der obersten Geschoßdecke

2.2.5 Betonbauteile in Außenwänden

Betonbauteile in Außenwänden (Deckenstirn, Stützen-, Ober-, Unterzüge und dergleichen) sollten ähnliche wärmetechnische Eigenschaften aufweisen wie die Außenwände selbst. Um k-Werte von annähernd 0,3 W/m^2 K zu erreichen, sind bei Dämmstoffen mit der Wärmeleitfähigkeitsgruppe 040 Dicken von mindestens 10 cm erforderlich. Auch wenn bessere Dämmstoffe eingesetzt werden, so sollte diese Dicke schon deshalb beibehalten werden, damit der Wärmeabfluß vom Betonbauteil über das Mauerwerk neben dem Dämmstoff nicht allzu groß ist und auch der Weg durch den Dämmstein um den Dämmstoff herum mindestens 10 cm beträgt.

Bei den hier erwähnten Betonbauteilen sind die wärmebrückenbedingten Verluste wesentlich geringer, wenn man sich anstatt für ein monolithisches Mauerwerk für eine Außendämmung entscheidet.

2.2.6 Innendämmungen

Bei Innendämmungen entstehen grundsätzlich Wärmebrücken, welche sogar sehr starke Ausmaße annehmen können.

Wenn die Außenwände vom Raum nur noch sehr wenig Wärme bekommen, nehmen sie Temperaturen an, die wesentlich näher bei den Außenlufttemperaturen als bei den Raumlufttemperaturen liegen. Diese Außenwände bilden dann eine Kühlrippe und entziehen den Innenwänden besonders viel Wärme, so daß es an den Stel-

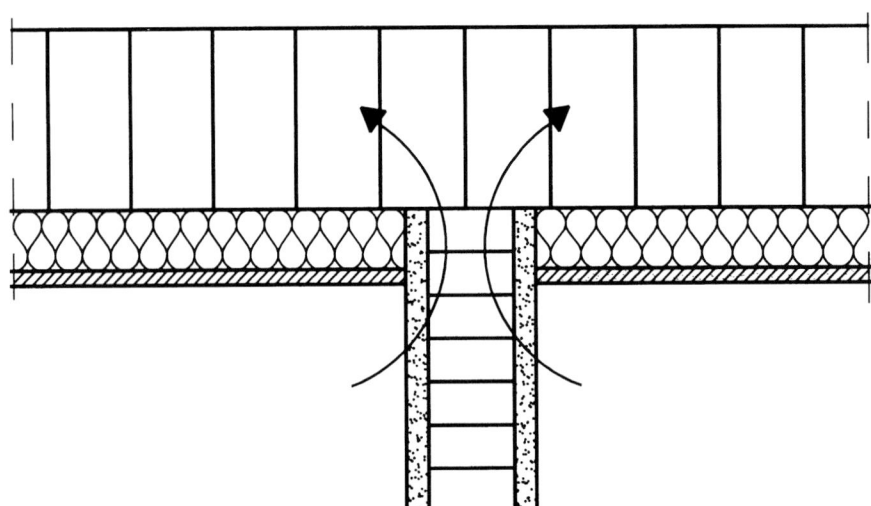

Abb. 10: Wärmebrücke bei Innendämmung

len der Innenwände, welche nahe an den Außenwänden gelegen sind, zu starken Temperaturabsenkungen kommt. Diese Temperaturen liegen dabei niedriger, als wenn die Dämmung überhaupt nicht vorhanden wäre.

Diese Wärmebrücken lassen sich auf verschiedene Art und Weise eliminieren:

• Keine Wärmebrücke entsteht, wenn die Innenwände aus Dämmsteinen gemauert sind oder wenn die Innenwände mindestens 2 cm (besser 4 bis 5 cm) von der Außenwand abgesetzt sind und der Zwischenraum mit Dämmstoff ausgefüllt wird.

• Bei Holzständer-Leichtbauwänden oder Fachwerkwänden tritt diese Wärmebrücke nicht auf. Bei letzteren muß jedoch besonders bei Sanierungen darauf geachtet werden, daß sich an der kritischen Stelle zwischen Innen- und Außenwand ein Holzpfosten befindet.

• Wenn alle diese Maßnahmen nicht durchgeführt werden können, weil es sich zum Beispiel um einen Altbau handelt oder eine Wand aus statischen Gründen betoniert werden muß, so bleibt nur noch die Möglichkeit, die Innenwände 1 bis 2 m in den Raum hinein mit reduzierter Dämmstärke von etwa 2 bis 3 cm zu dämmen.

Ähnliche Probleme in Verbindung mit Innendämmungen können auch an Decken oder Fußböden auftreten. Deshalb sollen bei Innendämmungen:

• Fußböden mit einem schwimmenden Estrich versehen und

• Decken unterseitig mindestens 2 cm stark gedämmt werden,

• sofern es sich nicht um Holzbalkendecken handelt.

2.2.7 Geschoßversätze

Bei Split-Level-Bauweisen (mit versetzten Geschossen) oder Räumen mit abgesenktem Fußboden wird den dadurch entstehenden Wärmebrücken gegen kalte Räume oder Erdreich meistens zu wenig Beachtung geschenkt. Je nach Einzelfall müssen diese Wärmebrücken durch zusätzliche Innendämmungen oder Dämmsteine beseitigt werden.

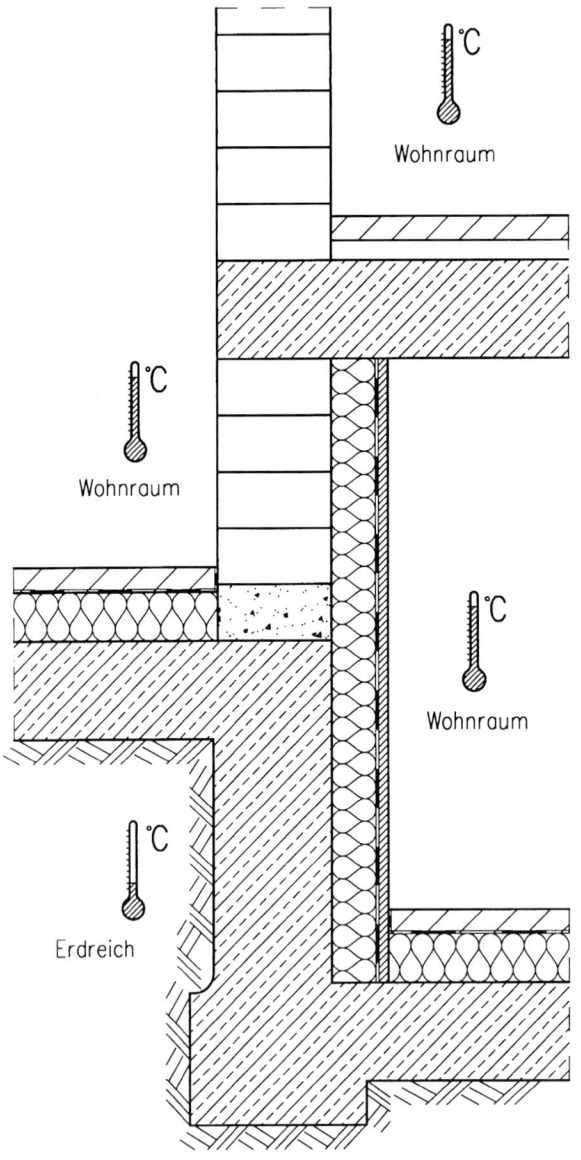

Abb. 11: Vermeidung von Wärmebrücken bei Geschoßversätzen

2.2.8 Dachflächenfenster

Bei Dachflächenfenstern sind Konstruktionen üblich, bei denen der Rahmen zwischen Raumluft und Dacheindeckung aus nur gut 1 cm starkem Sperrholz oder ähnlichem besteht. An diesen Stellen ist der k-Wert im Verhältnis zur Wärmeschutzverglasung etwa doppelt so schlecht. Dies sind die Stellen, wo der Wasserdampf in ansonsten wärmebrückenfreien Niedrigenergiehäusern zuerst auskondensiert.

Dachflächenfenster können nur dann eingesetzt werden, wenn an diesem Detailpunkt der k-Wert deutlich besser ist als bei der Verglasung. Um diese Stellen bei den gängigen Konstruktionen kondensatfrei zu erhalten, müßte die Luftwechselrate auf das Zwei- bis Dreifache des sonst üblichen Wertes gesteigert werden, was aus energetischen Gründen nicht zweckmäßig ist.

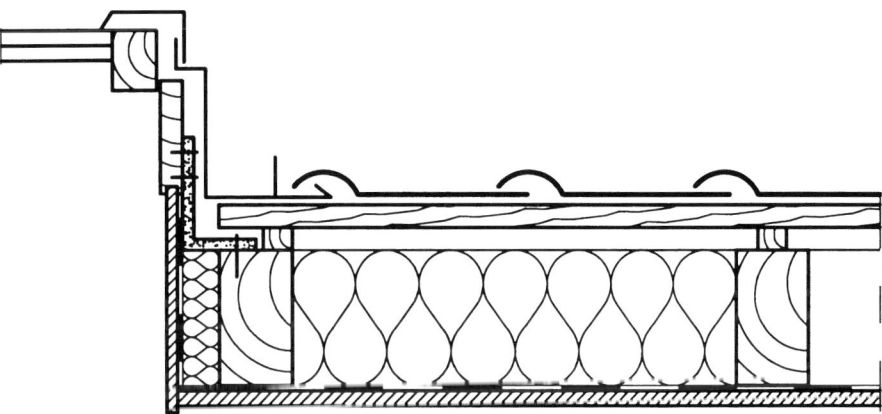

Abb. 12: Dachflächenfenster: Schwachpunkt an Zarge und Dichtung

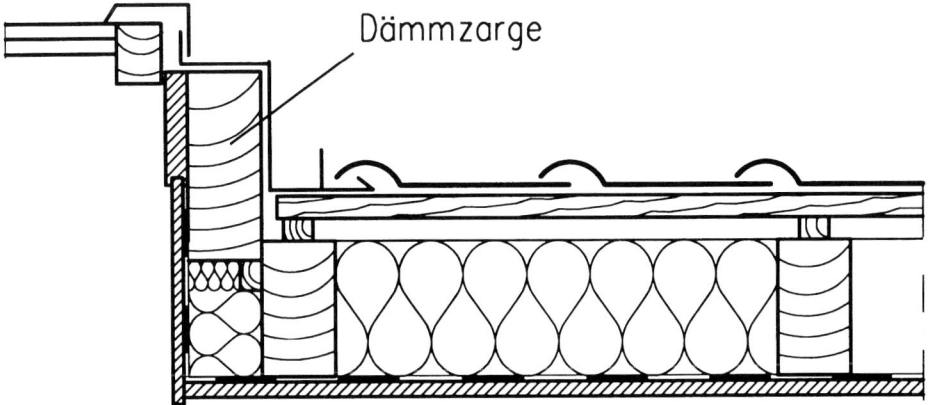

Abb. 13: Dachflächenfenster: verbesserte Zarge (»Dämmzarge«)

Eine geringfügige Verbesserung stellen sogenannte Dämmzargen dar, bei denen anstelle der sonst üblichen gut 1 cm dicken Sperrholzzargen massive Holzzargen mit einer Dicke von 5 bis 6 cm eingebaut sind. Dies ist ein Kompromiß, welcher richtig gedämmte Zargen jedoch noch nicht ersetzt.

Ein anderer Schwachpunkt von Dachflächenfenstern ist, daß oft die Dichtung sehr weit außen liegt, Raumluftfeuchte durch den Spalt zwischen feststehendem und beweglichem Fensterflügel bis zur kalten Dichtung vordringt und dort auskondensieren kann, Wärme kann an diese Stelle schlecht hingelangen, weil die Konvektion der warmen Raumluft nicht durch den Innenspalt bis zur Dichtung gelangen kann.

Auch wenn Dachflächenfenster aus architektonischen und belichtungstechnischen Gründen eine sehr schöne Lösung darstellen, so werden in vielen Niedrigenergiehäusern Dachflächenfenster konsequent vermieden, solange es noch keine besser gelösten Dachflächenfensterdetails gibt.

2.3   Luft- beziehungsweise Winddichtigkeit

Der korrekte Begriff hierfür ist Luftdichtigkeit, da neben Windeinflüssen auch der thermische Auftrieb dazu führt, daß Luft durch die Gebäudehülle hindurchgeführt werden kann. Insofern wird im folgenden nur noch der Begriff Luftdichtigkeit gebraucht.

Die Luftdichtigkeit der Gebäudehülle ist nicht nur beim Niedrigenergiehaus alleroberstes Gebot, da ansonsten

- ein völlig unkontrollierter Luftwechsel zu Zugerscheinungen und übermäßigem Heizenergieverbrauch führen würde und

- die Gefahr bestehen würde, daß feuchtwarme Luft, welche von innen nach außen geführt wird, die Bauteile durchfeuchtet, weil der in der Luft enthaltene Wasserdampf an den kälteren Bauteilschichten auskondensiert.

Bei letzterem spricht man von Feuchtekonvektion im Gegensatz zur Wasserdampfdiffusion, wo nicht die Luft selbst in das Bauteil eindringt, sondern nur der Wasserdampf hinein- beziehungsweise hindurchdiffundiert. Der Feuchteeintrag auf konvektive Weise ist in der Regel um ein Vielfaches höher als die Wasserdampfmenge, welche durch Diffusion in ein Bauteil hineingelangen kann.

Um solche konvektiv bedingten Feuchteschäden zu vermeiden, wurden in Schweden von staatlicher Seite aus Drucktests vorgeschrieben. Bei diesen sogenannten »Blower-Door-Tests« wird anstelle der Haustür oder eines Außenfensters ein Element mit Ventilator eingebaut, mit welchem das Haus auf eine Druckdifferenz von

50 Pa (Pascal) gebracht und dabei gemessen wird, wieviel Luft der Ventilator fördern muß, damit diese Druckdifferenz gehalten werden kann.

Die Luftwechselrate (Austausch der Luft pro Stunde) sollte bei dieser Druckdifferenz höchstens zwei bis drei pro Stunde, besser jedoch nur eins pro Stunde betragen. Man spricht hier vom N_{L50} oder N_{50}-Wert.

Wie die Luftdichtigkeit der Gebäudehülle herzustellen ist und welche Schwachpunkte es hierbei gibt, wird nachfolgend aufgeführt.

2.3.1 Fenster

Mit Fensterfugen gibt es heute kaum noch Probleme, denn durch die Mehrfachverriegelung werden Fenster fest an den Rahmen angepreßt.

Ein Schwachpunkt stellt eher der Einbau des Fensters in die Außenwand dar. Ein Ausschäumen des Zwischenraumes bewirkt zwar eine gewisse Wärmedämmung des Hohlraumes, jedoch keine Luftdichtigkeit, da der Schaum nicht in alle Ritzen eindringen kann. Auch sind manche Mauerwerksmaterialien relativ porös, so daß die Luft auch den Stein selbst durchdringen und den Montageschaum umgehen kann. Solche Schäume stellen eher eine Montagehilfe dar.

Ein Anputzen der Fenster bringt auch keine absolute Dichtigkeit, da der Putz und zum Teil auch das Fenster nach dem Anputzen noch schwinden und sich somit kleine Spalten zwischen Fenster und Putz bilden können.

Dichtungsbänder bringen nur dann zufriedenstellende Ergebnisse, wenn sie sehr sauber verarbeitet sind und beide Flächen weder porös sind noch zu starke Unebenheiten aufweisen. Bei Nut- und Federschalungen zum Beispiel würden Dichtungsbänder nicht bis in sämtliche Ritzen des Profils eindringen können. Ferner ist auch wichtig, daß die Dichtungsbänder lückenlos verlegt werden und nicht an den Ecken wenige Millimeter auseinanderklaffen oder zum Teil überlappen und dadurch kurz vor der Überlappung unter dem nach oben geführten Dichtungsband eine Öffnung entsteht.

In den meisten Fällen kommt man nicht umhin, entweder von außen oder von innen dauerelastische Fugen anzubringen. Es ist nicht ganz einfach, den Fenstersims außen dauerhaft zu verfugen. Die dauerelastische Fuge innen anzubringen ist weniger schwierig und hat auch den Vorteil, daß die Fuge vom Bewohner gesehen wird, Beschädigungen erkannt und die Fuge leichter nachgearbeitet werden kann.

2.3.2   Rolläden

Bei Rolläden kann sowohl der Montagedeckel wie auch die Gurtdurchführung zu Undichtigkeiten führen. Der Montagedeckel sollte eine Dichtung aufweisen, welche ähnliche Eigenschaften wie eine Fensterdichtung hat, oder er sollte übertapeziert werden. Es gibt aber auch Konstruktionen, bei denen der Montagedeckel an der Unterseite von außen zugänglich ist. Eine andere Möglichkeit wäre, Minirolläden vorzusetzen, so daß sich der gesamte Rolladenkasten außerhalb der luftdichten Gebäudehülle befindet (siehe auch 2.7.1 unter »Rolläden« sowie Abb. 16).

Gurtdurchführungen weisen in den meisten Fällen Bürsten auf, sind jedoch noch keine für das Niedrigenergiehaus zu akzeptierende Lösung, da die Bürsten nicht dicht schließen und mit der Zeit Alterungserscheinungen zeigen. Kurbeln und Elektroantriebe bringen eine hervorragende Dichtigkeit, sind jedoch relativ aufwendig zu bedienen und stellen die teuerste Lösung dar.

2.3.3   Massive Bauteile

Massive Bauteile können dann als luftdicht angesehen werden, wenn sie mindestens einseitig verputzt oder betoniert sind. Wird ein Mauerwerk überhaupt nicht verputzt, weil es zum Beispiel nach innen sichtbar und außen mit einer hinterlüfteten Fassade versehen werden soll, so kann auch eine dicht verlegte Pappe, ein Windpapier oder – sofern bauphysikalisch möglich – auch eine Folie die Winddichtigkeit gewährleisten. Diese Schichten müssen dann ähnlich verarbeitet werden, wie im nächsten Abschnitt »Leichtbauteile« beschrieben wird.

Im Massivbau stellen oft Unterputzsteckdosen einen Schwachpunkt dar, wenn sich unweit von der Steckdose eine Undichtigkeit in der Außenhaut befindet, so wie es oft bei Fenstersimsen oder Verwahrblechen der Fall ist.

2.3.4   Leichtbauteile

Oft werden Leichtbauteile so konstruiert, daß sie über keine luftdichte Schicht verfügen. So gibt es heute noch zahlreiche Fälle, wo Dachschrägen so ausgeführt werden, daß zwischen den Sparren mit alubeschichtetem Mineralfaserdämmstoff gedämmt wird. Darüber befindet sich schon die Hinterlüftung und unterseitig eine Holzverschalung, welche ebenfalls nicht luftdicht ist.

Die einzige Schicht, die luftdicht sein soll, ist das alukaschierte Papier auf der Dämmung, welches bestenfalls verklebt wird, was aber meist nicht zufriedenstellend ausgeführt werden kann.

Generell sollte bei Leichtbauteilen vom Verkleben von Folien und ähnlichem abgeraten werden. Es ist nicht immer sichergestellt, daß der Untergrund staub- und fett-

frei ist. Andererseits ist die Dauerhaftigkeit der Klebestellen meistens nicht gewährleistet. Auch wenn sich eine der beiden Folien wirft, entsteht im Bereich des Klebe-
bandes eine kleine Öffnung, durch die feuchtwarme Luft ins Bauteil eindringen kann.

Bessere Erfahrungen wurden mit großflächigen Polyethylen-Folien gemacht, welche
auf Rollen mit langen Bahnen und bis zu 4 m Breite lieferbar sind. Wenn mehrere
Folienbahnen verwendet werden, empfiehlt es sich, die Folien überlappen zu lassen
und gegen einen festen Untergrund zu latten. Um sicherzugehen, daß eine solche
Latte sich nicht löst, sollte hier nicht genagelt, sondern eher geschraubt werden.

Am Rand sollte eine solche Folie in andere Folien übergeführt, im Massivbau zum
Beispiel mittels eines Streckmetallstreifens eingeputzt werden. Bei Renovierungen
kann der Randanschluß der Folie auch mittels eines Dichtungsbandes und einer Latte hergestellt werden, sofern der Untergrund eben ist (zum Beispiel durch eine Putz-
schicht).

Außen an Bauteilen Windpappen und dergleichen anzubringen, ist eine nicht befriedigende Lösung, da die Anschlüsse an Traufe und Ortgang meist nicht lückenlos
hergestellt werden können.

Die Praxis hat gezeigt, daß selbst bei einer sorgfältig verlegten Dampfsperre beziehungsweise Folie auf der Innenseite nicht immer sämtliche Undichtigkeiten beseitigt werden können. Insofern ist es angebracht, wenn man noch zusätzlich eine
luftdichte Schicht in Form von dichtverspachtelten Gipsplatten (Gipskarton- oder
Gipsfaserplatten) anbringt. Sofern diese Platten von Steckdosen und dergleichen
durchbrochen sind, können sie jedoch die gewünschte Funktion nicht erfüllen. Man
müßte entweder an diesen Bauteilen auf Elektroinstallationen verzichten und diese
an die Innenbauteile legen oder Steckdosen als Aufputzsteckdosen in 30 cm Höhe
über dem Boden anbringen und die Zuleitung durch ein im Schutzrohr verlegtes Ka-
bel vom Fußbodenaufbau zur Steckdose führen.

2.3.5 Holzbaustoffe

Holzbaustoffe sollten die luftdichte Gebäudehülle niemals von innen nach außen
durchdringen, da deren luftdichter Anschluß so gut wie nie herzustellen ist. Dies ist
unabhängig davon, ob es sich um sichtbare Pfosten, Sparren, Deckenbalken oder
Schalungen handelt.

Generell muß mit einem Schwinden des Holzes gerechnet werden. Auch treten jahreszeitlich bedingt Änderungen der Holzfeuchte auf, welche zu einem Schwinden
und Quellen führen.

Ferner kann es bei Hölzern zu Rißbildungen kommen, auch noch nach längerer Ein-
bauzeit.

Solche Holzdurchführungen von innen nach außen lassen sich weder mit Dichtungsbändern noch mit Montageschäumen, dauerelastischen Dichtungsmassen oder durch Ausstopfen mit den verschiedensten Materialien dicht abschließen, da diese Dichtungsstoffe Risse oder auch das Profil von Nut- und Federschalung nicht bis in die einzelnen Ritzen verschließen können.

Wenn sichtbare Sparren gewünscht werden, empfiehlt es sich, sowohl die Sparren als auch die darüberliegende Sichtschalung an der Gebäudekante auf allen vier Seiten abzutrennen und die darüber befindliche Pappe dicht zu verkleben sowie auf allen vier Seiten an der Gebäudekante herunterzuführen und dicht einzuputzen. Der Dachüberstand kann dann durch Stummelsparren beziehungsweise verlängerte Schubhölzer und über der Pappe liegende Schalungen hergestellt werden.

Sichtbare Deckenbalken sind dann möglich, wenn die Dampfsperre im Bereich der Balkenauflager schon vor Auflegen der Balken (beim Aufschlagen des Dachstuhls) angebracht, und um diese herumgeführt wird. In diesem Fall muß sowohl an den Anschlüssen der Dampfsperre als auch bei der Dampfsperre der angrenzenden Bauteile sehr exakt gearbeitet werden, weil hier die Dampfsperre die einzige luftdichte Schicht darstellt.

Damit es zu keinen Problemen durch innere Kondensation kommt, darf an der Stirnseite der Decke innerhalb der Dampfsperre nur höchstens halb so viel Dämmung angebracht werden wie außerhalb.

Sollen von innen sichtbare Deckenbalken zugleich einen Balkon tragen, so müssen diese auf jeden Fall unterbrochen werden, was bedeutet, daß der Balkon zusätzlich auf Stützen stehen muß.

Bei im Raum sichtbaren Pfetten muß ähnlich verfahren werden, so daß auch hier schon während des Aufschlagens des Dachstuhls ein Stück Folie zwischen Pfette und Sparren eingelegt werden muß.

Wenn bei Altbauten sichtbare Deckenbalken, Pfetten oder eventuell auch ein Kehlgebälk vorhanden ist und die Folie um die kritischen Punkte nicht herumgeführt werden kann, so muß unbedingt eine Schicht Gipsplatten als Raumabschluß die luftdichte Schicht darstellen. Die Anschlußpunkte zwischen diesen Platten und den Hölzern müssen dann dauerelastisch ausgefugt werden. Eine Holzschalung anstelle der Gipsplatten ist in diesem Fall nicht denkbar, da eine Folie an den Anschlüssen zu den Holzteilen auch nicht mittels Leisten und Dichtungsbändern dicht angeschlossen werden kann.

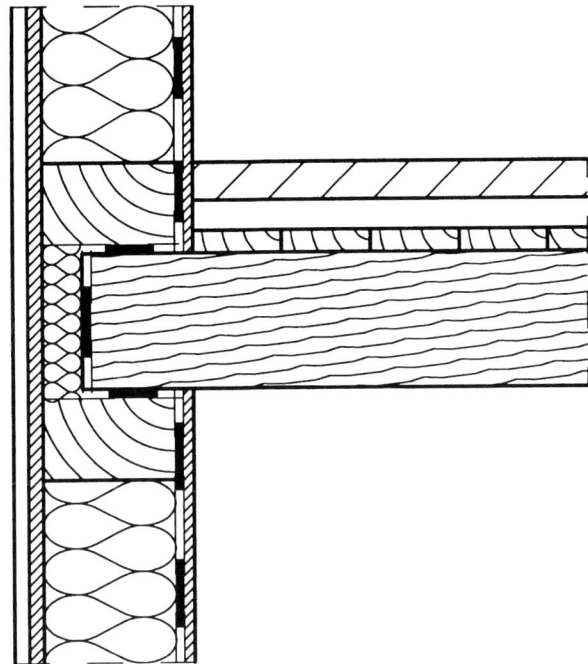

Abb. 14: Anordnung der Dampfsperre bei sichtbaren Deckenbalken im Leichtbau

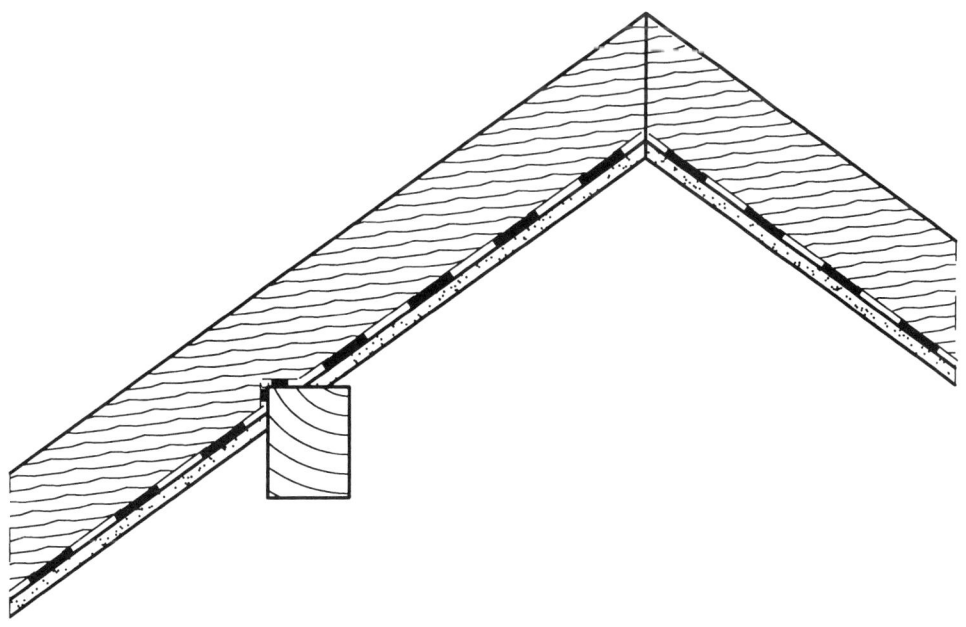

Abb. 15: Anordnung der Dampfsperren bei sichtbaren Pfetten

2.3.6 Hauseingangstüren

Kunststoff- oder Metalleingangstüren sind problemlos mit sehr guten Dichtungs-eigenschaften erhältlich. Bei Holztüren lassen diese Eigenschaften oft zu wünschen übrig.

Prinzipiell kann auch eine Holztür entsprechend dicht gestaltet werden. Meistens wird aber nur auf drei Seiten eine Dichtung angebracht und diese unten vergessen. Oft verläuft die untere Dichtung auch in einer anderen Ebene als die seitlichen und die obere, so daß an diesen Übergängen Schwachstellen entstehen. Generell muß bei Holztüren mit einem gewissen Grad an Verziehen gerechnet werden, zum Bei-spiel 3 mm. Bei stärkeren Abweichungen müßte eine Dichtung eingesetzt werden, die mindestens 4 bis 5 mm Spiel aufnimmt und auf allen vier Seiten in einer Ebene durchläuft.

2.3.7 Kellertüren

Türen zu Kellerräumen sind in den meisten Fällen undicht. Bei normalen Innentüren ist die Dichtung nur aus Schallschutzgründen vorgesehen, damit die Tür nicht so laut zuschlägt. Meist fehlt unten ein dichter Anschlag.

Eine relativ preiswerte Möglichkeit ist, daß man sich vom Fensterbauer eine Fen-stertür aus Holz mit normalem Fensterbeschlag anfertigen läßt, anstelle des Glases jedoch eine nicht transparente Füllung aus Dämmstoff, Dampfsperre und beidseiti-ger Sperrholzbeplankung einsetzen läßt. Zwangsläufig muß hier im unteren Bereich ein Anschlag, das heißt eine kleine Höhendifferenz zwischen beiden Bodenbelägen, entstehen. Solche Türen gibt es auch mit beidseitigen Griffen und abschließbar. Hier-bei handelt es sich um ein relativ preiswertes Serienprodukt mit sehr guten Dich-tungseigenschaften.

2.3.8 Dachluken

Einschubtreppen zu nicht ausgebauten Dachgeschossen sind fast nie mit einfachen Mitteln dicht zu bekommen. Es gibt auch Einschubtreppen mit eingebauter Dich-tung. Meist weist diese Dichtung weit weniger an Einfederung (Differenzen) auf, als sie von seiten des Schlosses oder auch durch ein Durchhängen der Dachluke auf-treten. Auch hier bewährt es sich, ein Holzfenster mit nichttransparenter Füllung, oberhalb der Einschubtreppe auf einem entsprechenden Rahmen liegend, einzu-bauen, das nach oben weggeklappt wird. So kann man die einfachste Einschubtrep-pe benutzen.

2.3.9 Abstellräume

Für nicht beheizte Abstellräume soll hier stellvertretend die Speisekammer näher erläutert werden. Wenn sich ein solcher Raum innerhalb der gedämmten und luftdichten Gebäudehülle befindet, ist es nicht sinnvoll, diesen durch natürliche Lüftung kühl
zu halten. Man müßte dann solchen Raum auf allen Seiten einschließlich Decke und
Fußboden sehr gut dämmen und mit einer absolut dichten Tür verschließen. Zudem
hätte man noch die Oberflächenvergrößerung der wärmeübertragenden Fläche.

2.3.10 Offene Feuerstellen

Einzelöfen für feste Brennstoffe sowie für Gas oder Öl und andere offene Feuerstellen wie Gasdurchlauferhitzer oder Gasthermen stellen so gut wie immer nicht be-
herrschbare Undichtigkeiten dar.

Solche Undichtigkeiten werden vor allem durch den Abgasweg, in manchen Fällen
jedoch auch zusätzlich durch eine Frischluftzufuhr von außen verursacht. Eine Ausnahme bilden raumluftunabhängig betriebene Gasthermen oder Brennwertgeräte.

Aus diesem Grund und nicht zuletzt wegen des enormen Frischluftbedarfs solcher
Feuerstellen und der starken Emissionen von Einzelfeuerstellen mit festen Brenn-
stoffen sollte auf raumluftabhängige Feuerstellen innerhalb einer Wohnung nicht nur
im Niedrigenergiehaus verzichtet werden.

2.4   Wärmespeicherfähigkeit (Wärmekapazität)

Die Rolle der Wärmespeicherfähigkeit (Wärmekapazität) wird oft überbewertet und
steht praktisch an letzter Stelle sämtlicher Größen, welche im Niedrigenergiehaus
den Energieverbrauch beeinflussen können.

Die öffentliche Diskussion hierüber wird auf zwei Ebenen geführt. Einerseits wird die
Gesamtwärmekapazität des Hauses beziehungsweise der Räume betrachtet, und
es wird der Vorteil gesehen, daß eine hohe Speicherfähigkeit Sonneneinstrahlung
und somit kostenlose Sonnenwärme speichern kann. Andererseits wird die Wärmekapazität eines Bauteils mit der Energiebilanz von Wärmeverlusten und Wärmege-
winnen des einzelnen Bauteils in Zusammenhang gebracht.

Bei letzterem spielt bezüglich der Energiebilanz die Wärmespeicherfähigkeit absolut keine Rolle. Bereits Ende des vorigen Jahrhunderts wurde dies physikalisch belegt. Wenn nämlich die Differentialgleichung der Wärmeleitung aufgestellt wird, alle
Größen einschließlich der Wärmekapazität berücksichtigt werden und man diese
Gleichung auf die Energiebilanz auflöst, so kürzt sich die Wärmespeicherfähigkeit
heraus.

Die Wärmekapazität spielt nur für die Phasenverschiebung (zeitliche Verzögerung, bis die Wärmewelle innen ankommt) eine Rolle, nämlich daß die Wärmewelle von außen nach innen nicht in den Mittagsstunden, sondern erst abends oder nachts die Innenoberflächen erreicht. Im Niedrigenergiehaus handelt es sich jedoch um so geringe Wärmeströme, welche durch die gut gedämmten Wände hindurchgehen, daß dieser Effekt vernachlässigt werden kann.

Die Gesamtwärmekapazität eines Hauses beziehungsweise der Wohnräume kann dagegen bezüglich des Energieverbrauchs eine Rolle spielen. Hier sind verschiedene Effekte zu beachten, die sich je nach Nutzung positiv oder negativ auswirken:

- Mit hoher Wärmekapazität kann kostenlose Sonnenwärme oder interne Wärme für die Abend- und Nachtstunden gespeichert werden. Wenn jedoch aufgrund des geringen Wärmebedarfs dann nur wenig Wärme benötigt wird und interne Wärmequellen auch zu den Abend- und Nachtzeiten relativ stark ins Gewicht fallen, so relativiert sich dies.

- Bezüglich passiver Sonnenenergienutzung sind direkt von der Sonne beschienene Speicherflächen am effektivsten. Weniger effektiv sind Flächen, die nur indirekt nach einer Reflektion beschienen werden. Speichermassen, welchen nur über Erwärmung der Raumlufttemperatur Wärme zugeführt wird, bringen einen nur relativ geringen Speichereffekt.

- Eine höhere thermische Trägheit des Gebäudes führt dazu, daß Heizungsabsenkungen beziehungsweise Abschaltungen weniger effektiv sind als in leichten Bauten. Insofern kann man zumindest der Größenordnung nach festhalten, daß sich diesbezüglich die Vor- und Nachteile einer höheren Wärmekapazität bei normal genutzten Wohnräumen wieder aufheben.

- Bei gelegentlich genutzten Räumen wie zum Beispiel Hobbyräumen ist eine geringe Wärmekapazität sogar von Vorteil, weil sich solche Räume dann schnell und mit wenig Energie aufheizen lassen. Hier wäre eine höhere Wärmekapazität sogar nachteilig. Auch können solche einzelnen Räume völlig wärmebrückenfrei ausgeführt werden, wenn sie auf allen sechs Seiten gedämmt werden.

Wie schon gesagt: Der Einfluß der Wärmespeicherfähigkeit auf den Energieverbrauch eines Niedrigenergiehauses gegenüber anderen Einflußgrößen, wie Undichtigkeiten, Wärmebrücken, falsche Heiztechnik oder zuviel Strom als Hilfsenergie, steht an letzter Stelle. Berichte, wonach Gebäude mit hoher Wärmespeicherfähigkeit und schlechterer Dämmung weniger Energie verbrauchen als gut gedämmte Gebäude, entbehren der wissenschaftlichen Grundlage.

Was aus der Diskussion über dieses Thema und auch aus zahlreichen davon unabhängigen wissenschaftlichen Untersuchungen resultiert, ist, daß der k-Wert zwar eine wichtige Voraussetzung für einen niedrigen Heizenergieverbrauch eines Gebäudes ist, jedoch noch kein Garant für einen niedrigen Energieverbrauch.

So sind, wie bereits erwähnt, sorgfältige Planung und Ausführung bezüglich der Dämmhülle und der haustechnischen Anlagen, selbst unter Miteinbeziehung der Hilfsenergie Strom, genauso wichtig wie der k-Wert, um (nicht nur im Niedrigenergiehaus) niedrige Verbrauchswerte zu erreichen.

Es hat sich also gezeigt, daß eine hervorragende Dämmung und damit verbunden ein niedriger k-Wert das wichtigste ist, was man beim energiesparenden Bauen beachten muß, und es wurde gerade durch diese Diskussion verdeutlicht, daß der k-Wert eine sehr brauchbare Größe ist, um die Transmissionswärmeverluste von Bauteilen zu kennzeichnen.

2.5 Massiv- und Leichtbauweise

Aus den bisherigen Ausführungen wurde bereits deutlich, daß die Wärmespeicherfähigkeit bezüglich des Energieverbrauchs nahezu keine Rolle spielt. Ferner wurde aufgezeigt, daß das Problem Wärmebrücken beim Massivbau genauso lösbar ist wie das Problem der Luftdichtigkeit beim Leichtbau.

Bezüglich des Schallschutzes innerhalb des Gebäudes lassen sich bei Holzbauten im Vergleich zu Massivbauten genauso gute Werte, wenn nicht noch bessere erreichen. Auch wenn in diesem Zusammenhang diesbezüglich nicht auf Details eingegangen werden soll, so sei doch erwähnt, daß Leichtbauteile durch zweischaligen Aufbau und gegebenenfalls gezielte Beschwerungen äußerst gute Schalldämmwerte erreichen können. Der begrenzende Faktor für den Schallschutz ist in beiden Fällen die Schallängsleitung über flankierende Bauteile, welcher sich bei Leichtbauten weniger stark auswirkt. Dies liegt daran, daß die sogenannten biegeweichen Vorsatzschalen (Gipsplatten, Spanplatten, Holzschalungen und dergleichen) den Schall vom Raum nicht so stark aufnehmen und ihn in die benachbarten Räume weniger stark abstrahlen. Dies gilt jedoch nur, wenn zur nächsten Schale ein Abstand von mindestens 50 mm (im Einzelfall sogar etwas mehr) vorhanden ist, welcher mit biegeweichen Dämmstoffen (Faserdämmstoffe und dergleichen) ausgefüllt ist. Bei Massivbauten muß beim Nachweis des Schallschutzes ebenfalls diese Längsleitung mit berücksichtigt werden. Eine Verbesserung der Schallängsleitung kann ebenfalls durch biegeweiche Vorsatzschalen mit entsprechender Hohlraumdämpfung erreicht werden. Werden jedoch Vorsatzschalen mit biegesteifen Dämmstoffen wie zum Beispiel Hartschaumplatten, Korkplatten. Weichfaserplatten und dergleichen angebracht, so bekommt man eine Verschlechterung bezüglich der Schallängsleitung. Genauso verhält es sich mit Trockenputz (Gipsplatten) direkt auf massiven Bauteilen.

Der Planer und die am Bau Beteiligten müssen sich zwangsläufig mit beiden Technologien beschäftigen und beide Konstruktionsarten beherrschen, da in nahezu allen Fällen auch von beiden etwas verwirklicht wird. So besteht auch bei Massivbauten in den überwiegenden Fällen das Dach aus einer Leichtbaukonstruktion, während in zahlreichen Fällen der Keller von Leichtbauten ausgebaut und zwangsläufig in Massivbauweise ausgeführt werden muß.

Argumente für die Holzbauweise sind:

• wenig Baufeuchte, schnelle Trocknung
• Erreichen der gewünschten k-Werte bei geringeren Wandstärken
• in vielen Fällen relativ einfach und viel Eigenleistung möglich
• unter Umständen kürzere Bauzeit.

Dem gegenüber gelten bei der Massivbauweise folgende Vorzüge:

• auch bei größeren Bauvorhaben realisierbar
• höhere Brandschutzanforderungen relativ einfach erreichbar
• weniger Vorbehalte auf der psychologischen Ebene von seiten der Bauherrschaft beziehungsweise der Käufer.

In den meisten Fällen wirken sich feststehende Sonnenschutzelemente negativ auf die Belichtung der Räume aus, weshalb Dachvorsprünge, Balkone und dergleichen auch unter diesem Gesichtspunkt diskutiert werden müssen.

Die Entscheidung, ob man massiv oder mittels Leichtbauweise baut, muß jeder einzelne selbst entscheiden, je nachdem, welche Randbedingungen im Einzelfall zur Gewichtung der einzelnen Kriterien führen und welche Kriterien der einzelne Bauherr für sich am wichtigsten hält.

2.6   Sommerlicher Wärmeschutz

Auch wenn der gewünschte sommerliche Wärmeschutz bei Massivbauweise beziehungsweise durch Einsatz von höheren Speichermassen leichter erreicht werden kann, so ist beim Leichtbau in den allermeisten Fällen auch ein ausreichender sommerlicher Wärmeschutz gewährleistet. Voraussetzung hierfür ist bei beiden Bauarten, daß die nichttransparenten Außenbauteile gut gedämmt sind, wie es im Niedrigenergiehaus ohnehin üblich ist, so daß hier doch sehr wenig Wärme übertragen wird.

Ferner sollten Fenster (vor allem Westfenster, Dachfenster und Dachverglasungen) von außen beschattet werden können. Innenliegende Beschattungen bringen meist nicht den gewünschten Erfolg, da die Sonnenwärme bereits in den Raum gelangt ist und somit zur Erwärmung des Raumes führt.

Manchmal werden auch innenliegende Sonnenschutzrollos mit reflektierender Bedampfung angeboten, welche bis zu 80 % der Sonneneinstrahlung oder zum Teil noch mehr Strahlung abhalten und trotzdem das Licht durchlassen sollen. Ganz abgesehen davon, ob diese Zahlen in der Praxis stimmen, kann dies nur für die direkte Sonneneinstrahlung zutreffen. Nicht berücksichtigt wird jedoch, daß das nicht durchgelassene (reflektierende) Sonnenlicht zur Erwärmung des Luftraumes zwischen Sonnenschutzelement und Verglasung führt.

Normalerweise ist dieser Luftraum mit dem Wohnraum in Verbindung, so daß die Wärme zum größten Teil wiederum an den Wohnraum abgegeben wird. Um dies zu verhindern, müßte ein solches Sonnenschutzelement allseitig dicht abgeschlossen sein. Dann würde es jedoch zu einem solchen Wärmestau kommen, daß mit höchster Wahrscheinlichkeit die Scheiben springen würden.

Eine weitere Voraussetzung für einen guten sommerlichen Wärmeschutz ist, daß eine wirksame Nachtlüftung möglich ist. Hierbei wird die Tatsache genutzt, daß nachts wesentlich tiefere Außentemperaturen herrschen als tagsüber. So kühlt die Außenluft nachts oft auf Werte von etwa 20 °C ab, selbst wenn tagsüber sommerliche Temperaturen von 30 °C bis 35 °C herrschen. Tagsüber sollten die Fenster weitestgehend geschlossen werden, so daß die sommerliche Wärme draußen bleibt.

Das Problem des sommerlichen Wärmeschutzes stellt sich in Dachgeschoß- beziehungsweise Obergeschoßwohnungen mehr als in anderen Geschossen, vor allem in Erdgeschossen ist dieses Problem meist weit weniger stark zu sehen.

Nicht nur im Niedrigenergiehaus sind bewegliche Sonnenschutzmaßnahmen feststehenden vorzuziehen. Der jahreszeitlich bedingte Sonnenstand sagt nur sehr wenig darüber aus, ob ein Fenster gerade verschattet werden muß oder nicht. Zum einen hinkt die durchschnittliche Außentemperatur im Jahresverlauf dem Sonnenstand hinterher, zum anderen können an ein und demselben Kalendertag sehr unterschiedliche Außentemperaturen herrschen.

Speziell im Niedrigenergiehaus hängt der Zeitpunkt der Abschattung auch sehr stark vom Vorhandensein interner Wärmequellen ab, was im Einzelfall sehr unterschiedlich ausfallen kann. So würde man bei feststehenden Sonnenschutzelementen sehr rasch in Situationen kommen, wo man Sonneneinstrahlung wünscht, die Sonne aber verschattet wird, oder wo der feststehende Sonnenschutz aufgrund der zu tief stehenden Sonne keine Wirkung mehr zeigt und zusätzlich ein beweglicher Sonnenschutz eingesetzt werden muß.

In den meisten Fällen wirken sich feststehende Sonnenschutzelemente negativ auf die Belichtung der Räume aus, weshalb Dachvorsprünge, Balkone und dergleichen auch unter diesem Gesichtspunkt diskutiert werden müssen.

2.7   Einzelne Bauteile

Nachfolgend werden für die einzelnen Bauteile Lösungsvorschläge dargestellt, und es wird aufgezeigt, welche prinzipiellen Kriterien beim Aufbau der Bauteile besonders am Niedrigenergiehaus gelten. Darüber hinaus sind im Einzelfall auch viele andere Konstruktionen möglich. Sie sollten jedoch aufgrund der hier dargestellten Prinzipien ausgewählt und konstruiert werden.

2.7.1   Fenster

Verglasung

Heutiger Standard im Niedrigenergiehaus sollten Wärmeschutzverglasungen mit $k_v = 1,1$ W/m^2 K sein. Dieser Wert wird durch Isolierverglasungen mit so gut wie nicht mehr wahrnehmbaren Bedampfungen und Schwergasfüllung erreicht. Die bisher üblichen Wärmeschutzverglasungen mit $k_v = 1,3$ W/m^2 K werden bei den meisten Herstellern durch diese etwas besseren Verglasungen inzwischen ersetzt.

Es gibt auch noch bessere Verglasungen, je nach Hersteller mit k_v-Werten von 0,9, 0,8, 0,7 oder sogar 0,4 W/m^2 K. Zum Vergleich: Herkömmliche Isolierverglasungen ohne Schwergasfüllung und ohne Bedampfung erreichen Werte von k_v= 2,8 bis $k_v = 3,0$ W/m^2 K,

Im Einzelfall muß bei den Verglasungen überprüft werden, ob es sich um firmeneigene Meßwerte oder um im Bundesanzeiger veröffentlichte Werte handelt. Letztere sind meist geringfügig schlechter, müssen jedoch für den Wärmeschutznachweis verwendet werden.

Bei größeren Fenstern sollen die Scheiben nicht allzu oft unterteilt werden, da sich sonst der wärmetechnisch nachteilige Einfluß des Randverbundes zu stark auswirkt. Die hier genannten k-Werte werden bei Scheiben mit annähernd 1 m^2 Größe bestimmt. Bei wesentlich kleineren Scheiben können diese k-Werte auf das Doppelte oder sogar noch mehr ansteigen.

Wenn Unterteilungen erwünscht sind, so sollten die Sprossen außen auf die Scheibe aufgeklebt, oder es sollte ein beweglicher Sprossenrahmen außen aufgesetzt werden. Auf keinen Fall sollten die Alustege durchlaufen.

Bezüglich Kondensatfreiheit der einzelnen Fenster beziehungsweise Scheiben spielt nicht nur der k-Wert allein, sondern auch der Randverbund der Scheiben eine starke Rolle. Selbst bei guten Zweischeibenwärmeschutzverglasungen kommt es am Rand beinahe so schnell zur Oberflächenkondensation wie bei herkömmlichen Isolierverglasungen. Beim bisher üblichen Randverbund mit Metallstegen schneiden diesbezüglich Dreifachwärmeschutzverglasungen wesentlich besser ab. Hier kann eine bis zu 10 % höhere Luftfeuchte toleriert werden, ohne daß es am Rand der Scheiben zur Oberflächenkondensation kommt.

Ziel der Entwicklung muß sein, eine bessere thermische Trennung des Randverbundes zu erreichen.

Sofern es die Stabilität der Scheibe zuläßt, müßten anstelle von Metall andere Materialien verwendet werden. Eine andere Möglichkeit wäre, über den Randverbund hinweg mindestens 2 cm weit in das Fenster hinein die Scheibe mit einem dämmenden Rahmenprofil zu überdecken.

Rahmenmaterialien

Die Auswahl des Rahmenmaterials ist nicht leicht; folgende Kriterien sollten berücksichtigt werden:

- Tropische Hölzer sollten bezüglich des Schutzes der tropischen Regenwälder nicht eingesetzt werden.

- Einheimische Hölzer wie zum Beispiel Kiefer sind sehr pflegebedürftig, wenn sie nur lasiert werden. Im Gegensatz zum Tropenholz, welches keine Jahresringe besitzt, kann bei einheimischen Hölzern Wasser in den Vertiefungen der Jahresringe stehenbleiben und das Holz schädigen. Besonders auf der Wetter- sowie der sonnenbeschienenen Seite reicht oft ein jährlich einmaliges Lasieren nicht aus. Hierzu ist zu bedenken, daß seit den letzten fünf bis zehn Jahren auch auf der nördlichen Erdhalbkugel die UV-Strahlung zugenommen hat und in den nächsten Jahren sicherlich noch weiter zunehmen wird. Fenster aus einheimischem Holz sollten deshalb deckend gestrichen werden. Es sollte keine allzu dunkle Farbe gewählt werden, damit die Erwärmung der Oberfläche durch Sonneneinstrahlung nicht zu stark wird. Bei deckend gestrichenen Fenstern sind die Pflegeintervalle größer, jedoch ist der jeweilige Pflegeaufwand höher, weil der alte Anstrich zuerst abgeschliffen werden muß.

- Holz-Aluminium-Verbundfensterrahmen gehören zwar zu den teuersten, verbinden jedoch die Vorteile des Witterungsschutzes eines eloxierten Aluminiumfensters mit den thermischen Eigenschaften eines Holzfensters. Eine Möglichkeit, Kosten zu sparen, wäre, für die stark beanspruchten Orientierungen weiß eloxierte Holz-Aluminiumfenster zu wählen und die weniger durch Sonne und Niederschläge beanspruchten Orientierungen durch deckend weiß gestrichene Fenster aus einheimischen Holz zu ergänzen.

- Kunststoffenster bestehen so gut wie immer aus PVC. Dabei handelt es sich um einen Kunststoff, der in vielen Kreisen als ökologisch bedenklich angesehen wird. Im Einzelfall wurden auch schon Kunststoffenster aus Polypropylen eingebaut. Wie die Haltbarkeit und vor allem die UV-Beständigkeit dieses Fenstermaterials ist, ist dem Autor noch nicht bekannt.

Die Entwicklung ist schon so weit fortgeschritten, daß gedämmte Rahmen aus Polyurethan-Hartschaum erhältlich ist. Der Kern des Rahmens besteht aus einem geschäumten Polyurethan-Dämmstoff; am Rand ist der Kunststoff verdichtet und gewährleistet somit die nötige Stabilität. Selbst die Farbe und die Dichtung bestehen aus Polyurethan, wodurch das gesamte Fenster recycled werden kann. Als k-Wert werden Werte in der Größenordnung von 0,6 W/m^{2}K erzielt.

Mit Holzrahmen oder gleichwertigem Rahmen werden die k-Werte der Verglasung entsprechend der Tabelle 3 auf die Werte des Fensters umgerechnet. Die Umrechnung erfolgt nach DIN 4108 – Wärmeschutz im Hochbau – Teil 4 – bei k_V-Werten kleiner als 1,0 W/m^2 K durch Extrapolation. In der überarbeiteten Ausgabe der DIN 4108 sind auch Angaben über die Umrechnungen von k_V-Werten kleiner als 1,1 zu erwarten.

Tabelle 3: Umrechnung von k_V auf k_F (Rahmengruppe 1)

k_V-Wert der Verglasung in W/m^2 K	k_F-Wert des Fensters mit Holzrahmen oder entsprechendem in W/m^2 K
3,0	2,6
1,8	1,8
1,6	1,6
1,3	1,4
1,1	1,3
0,8	1,1
0,4	0,9

Holzfenster mit Verbundverglasung, wie sie vor allem bisher im süddeutschen Raum gebräuchlich waren und oft als Doppelfenster bezeichnet werden, erreichen den Wert k_F = 2,5 W/m^2 K.

In ein Niedrigenergiehaus sollten Rahmen eingesetzt werden, die auf keinen Fall schlechter sind als Rahmengruppe 1 nach DIN 4108 Teil 4 (Holz- oder Kunststoffrahmen).

Metallrahmen schneiden selbst mit thermischer Trennung schlechter ab. So erreichen solche Rahmen mit einer Wärmeschutzverglasung mit k_V = 1,1 W/m^2 K für das gesamte Fenster nach der Umrechnung in DIN 4108 Teil 4 nur 1,6 W/m^2 K. Inzwischen versuchen einzelne Hersteller von Aluminiumfenstern durch weitere technische Verbesserungen und Einzelzulassungen in die Rahmengruppe 1 eingestuft zu werden.

Die Umrechnung der k_V-Werte von Verglasungen auf die k_F-Werte des gesamten Fensters nach DIN 4108 Teil 4 sind zwar offiziell zulässig, jedoch relativ ungenau, was die Scheiben- beziehungsweise Fenstergröße sowie die Unterteilung im Einzelfall anbetrifft. Zudem sind die Werte stark gerundet. Für Optimierungszwecke sind diese Umrechnungsfaktoren nicht geeignet. Hierfür müssen die Werte genauer berechnet werden. Linear (eindimensional) berechnet sich der k-Wert eines 6 cm dicken Holzfensterrahmens zu 1,6 W/m^2 K. Dreidimensional berechnet würde er sicherlich noch schlechter ausfallen.

Der Wärmedurchgangskoeffizient durch die Rahmen ist also selbst bei der Rahmengruppe 1 schon deutlich schlechter als die heute gängigen Wärmeschutzverglasungen. Schon daher sollte man bestrebt sein, Fenster so zu konstruieren und zu unterteilen, daß der Rahmenanteil möglichst gering ausfällt. Wenn man ein normales Fenster mit 1 m^2 großer Öffnung betrachtet, so muß man feststellen, daß der Rahmenteil unter Verwendung von Normprofilen bei etwa 40 % liegt.

Ferner muß darüber nachgedacht werden, wie die heute gängigen Fensterrahmen ohne großen Aufwand besser gedämmt werden können. Bei Holz- und Kunststoffrahmen wäre die einfachste Möglichkeit, zumindest den feststehenden Rahmenteil möglichst weit von der Dämmung überlappen zu lassen. Bei Metallfenstern bringt diese Möglichkeit keine so große Verbesserung, da das Metall als Wärmebrücke wirkt.

Es sind Fälle bekannt, in denen auf bestehende Fensterrahmen geschäumte Polyurethan-Hartschaumprofile aufgeklebt wurden, welche ebenfalls die Dämmung verbessern. Es ist zu hoffen, daß sich in absehbarer Zeit einiges tut, was die Entwicklung von besser gedämmten Fensterrahmen bei den verschiedensten Materialien angeht.

Lichteinfall

Nach Möglichkeit sollten Gebäude so geplant werden, daß die Fenster einen relativ freien Lichteinfall bekommen, welcher weder durch Balkone noch durch einen übermäßig dimensionierten Dachvorsprung beeinträchtigt wird.

Eine relativ unkonventionelle Möglichkeit, die Effektivität des Fensters zu verbessern, besteht darin, mit verspiegelten Flächen beziehungsweise Reflektoren zu arbeiten. So könnte man sich vorstellen, daß Fensterleibungen sowohl außen als auch innen verspiegelt werden (zum Beispiel mit metallisch blank geschliffenen Aluble-

chen) und somit bei Beibehaltung der Fenstergröße und ohne Erhöhung der Wärmeverluste wesentlich mehr Sonneneinstrahlung sowohl in Form von Licht als auch
zur Wärmenutzung in den Raum eingestrahlt wird. Gerade in der Altbausanierung
würden sich solche Möglichkeiten anbieten, da es dort zahlreiche Fälle gibt, in
denen die Fenster viel zu klein dimensioniert sind.

Man könnte diese Überlegungen noch insofern weiterführen, daß man gezielt vor
den Fenstern Spiegelflächen aufstellt (gegebenenfalls auch mattspiegelnd) oder verspiegelte Jalousien verwendet, welche die von oben auftreffende Sonneneinstrahlung weit in den Raum hineinreflektieren. Somit könnte man bei größeren Räumen
(Büros und dergleichen) nicht nur die passive Sonnenenergienutzung verbessern,
sondern auch Strom für Beleuchtung einsparen und damit bei klimatisierten Räumen mit geringerer Kühllast oder eventuell sogar ganz ohne Kühlung auskommen.

Rolläden

Normale Rolläden mit Kunststoff- oder Aluprofilen bringen bei Wärmeschutzverglasung kaum noch eine Verbesserung. Wenn man den Luftspalt zwischen dem Fenster und dem Rolladen einrechnet, so reduziert sich der k-Wert eines Fensters von
$1,3\,W/m^2\,K$ auf $1,1\,W/m^2\,K$. Diese Verbesserung tritt jedoch nur dann auf, wenn zum
einen der Rolladen in den Abend- und Nachtstunden auch geschlossen und tagsüber zur passiven Nutzung der Sonnenenergie geöffnet wird und andererseits keine
anderen Schwachpunkte am Rolladen vorhanden sind.

Der bisherige konventionelle Rolladenkasten mit oft nur etwas mehr als 1 cm (in den
meisten Fällen sogar schlecht verarbeiteter) Dämmung ist nach der neuen Wärmeschutzverordnung ohnehin nicht mehr erlaubt. Rolladenkästen dürfen k-Werte von
$0,6\,W/m^2\,K$ nicht mehr überschreiten. Es sind auch Rolladenkästen mit noch besseren k-Werten erhältlich, die jedoch höher im Preis sind.

Eine relativ einfache Möglichkeit ist, einen Minirolladen sichtbar dem Fenster vorzusetzen, wobei hierbei das obere Fensterholz etwas höher ausgeführt werden muß
und zwischen diesem Fensterholz und dem Rolladen eine mindestens 4 cm dicke
Dämmung aus einem Wärmedämmstoff der Wärmeleitfähigkeitsgruppe 040 angebracht werden muß, damit die Vorgaben der Wärmeschutzverordnung eingehalten
sind. Im Niedrigenergiehaus sollte diese Dämmstoffstärke jedoch etwas erhöht werden.

Bezüglich Undichtigkeiten von Rolladenkästen wird auf das in Abschnitt 2.3.2 Ausgeführte verwiesen und somit von Gurtantrieben zugunsten von Kurbel- oder im Einzelfall elektrischen Antrieben eher abgeraten.

Bei Altbausanierungen wurden auch schon bestehende Rolläden ersatzlos entfernt,
so daß größere Fenster eine bessere Belichtung der Räume schaffen konnten.

Jalousien sind heute nicht mehr teurer als die wärmetechnisch verbesserten Rollläden und sind insofern die bessere Alternative, da sie beim Verschatten dennoch Tageslicht in die Räume lassen und nicht so stark verdunkeln.

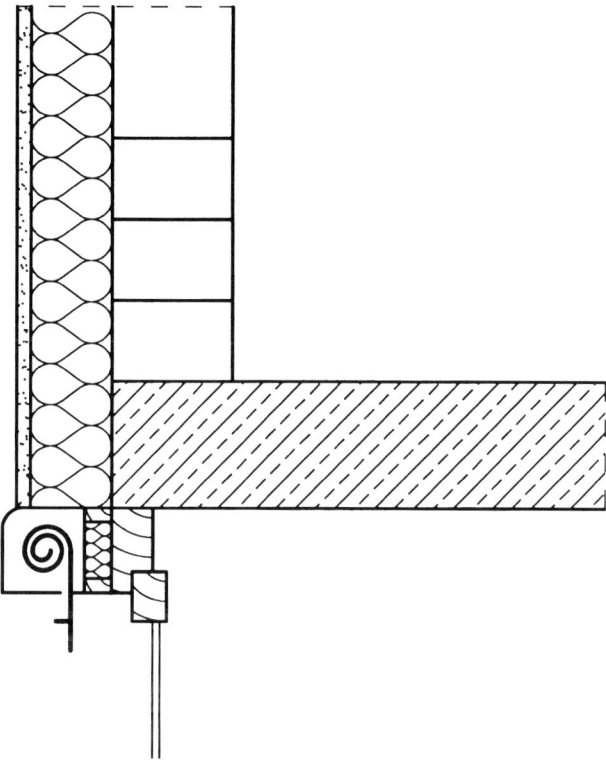

Abb. 16: Detail eines Mini-Rolladens mit zusätzlicher Dämmung

2.7.2 Außenwände

Was den Aufbau von Außenwänden anbetrifft, so gibt es im Niedrigenergiebau wie auch sonst zahlreiche Alternativen. Nachfolgend wird jedoch speziell nur auf die in Verbindung mit Niedrigenergiebauweise gebräuchlichsten Wandkonstruktionen eingegangen und speziell darauf, was besonders wichtig ist, um ein Niedrigenergiehaus kostengünstig und fehlerfrei zu planen und zu bauen.

Monolithische Außenwände

Unter einem monolithischen Mauerwerk versteht man normal verputzte Steine, welche von sich aus eine gewisse Wärmedämmung bringen. Bei Ziegeln ist der momentane Stand, daß die niedrigste Wärmeleitfähigkeit unter Einsatz von Leichtmauermörtel 0,15 W/mK beträgt. Andere Dämmsteine (zum Beispiel Bims) sind mit Wärmeleitfähigkeitswerten von 0,12 W/mK zu erhalten, Gasbetonsteine sogar mit 0,11 W/m² K. Bei einem 36,5 cm dicken Mauerwerk ergeben sich bei Ziegeln bestenfalls k-Werte von 0,38 W/m² K, bei Bims oder gleichwertigem 0,31 W/m² K und bei

Tabelle 4 a: Mögliche Wandkonstruktionen für das Niedrigenergiehaus (Auswahl)

Konstruktionen	k-Wert
• 36,5 cm Bims (0,12 W/mK)	0,31 W/m²K
• 37,5 cm Porenbeton/Gasbeton (0,11 W/mK)	0,28 W/m²K
• 49,0 cm porosierte Ziegel (0,15 W/mK)	0,29 W/m²K
• 17,5 cm Mauerwerk ohne besondere Dämmeigenschaften – mit 12 cm Außendämmung 040 – mit 18 cm Außendämmung 040	 0,29 W/m² K 0,20 W/m² K
• 17,5 cm Dämmstein (0,12 W/mK) – mit 8 cm Außendämmung 040 – mit 12 cm Außendämmung 040 – mit 18 cm Außendämmung 040	 0,27 W/m² K 0,21 W/m² K 0,16 W/m² K
• Leichtbauwand, tragende Hölzer 12 cm, Querhölzer 5 cm, jeweils voll ausgefacht mit Dämmung 040	0,25 W/m² K
• Leichtbauwand mit 14 + 6 cm Dämmung	0,20 W/m² K
• Leichtbauwand mit 18 + 8 cm Dämmung	0,16 W/m² K
• bestehendes Mauerwerk ohne besondere Dämmeigenschaften mit 12 cm Innendämmung 040	0,29 W/m² K

Tabelle 4 b: Zum Vergleich: gängige Konstruktionen, welche den Niedrigenergiestandard nicht erreichen

Konstruktionen	k-Wert
• 36,5 cm porosierte Ziegel (0,15 W/mK)	0,38 W/m² K
• 30,0 cm porosierte Ziegel (0,15 W/mK)	0,45 W/m² K
• 30,0 cm Porenbeton/Gasbeton (0,11 W/mK)	0,34 W/m² K
• bestehendes Mauerwerk ohne besondere Dämmeigenschaften mit 8 cm Innendämmung 040	0,40 W/m² K
• bestehendes Mauerwerk ohne besondere Dämmeigenschaften mit 5 cm Innendämmung 040	0,57 W/m² K

Gasbeton 0,28 W/m² K. Wenn bei Niedrigenergiehäusern k-Werte von etwa 0,3 W/m² K oder geringer angestrebt werden, so ist dies mit einem Ziegelmauerwerk nur bei einer 49 cm dicken Wand zu erreichen, welche dann auf einen k-Wert von 0,29 W/m² K kommt.

Wie bereits im Abschnitt 2.2 »Vermeidung von Wärmebrücken« erwähnt, sollten Betonbauteile mindestens 10 cm dick gedämmt werden. Sie stellen trotzdem genauso wie Fensterleibungen Wärmebrücken dar. Diese sind jedoch nicht so gravierend, daß Feuchteschäden durch Oberflächenkondensation zu erwarten sind, bedingen jedoch eine niedrigere Raumluftfeuchte, welche durch eine erhöhte Luftwechselrate erzielt werden muß, und sie führen zu einem im Niedrigenergiehaus verhältnismäßig hohen Wärmeabfluß. Auch werden die Flächenanteile dieser zusätzlich zu dämmenden Flächen oft unterschätzt. Bei durchschnittlichen Mauerwerksbauten können diese Flächen zusätzlich zum Mauerwerk einen Anteil von 20 bis 25 % darstellen, der mit relativ teuren Dämmstoffen und hohem Arbeitsaufwand gedämmt werden muß.

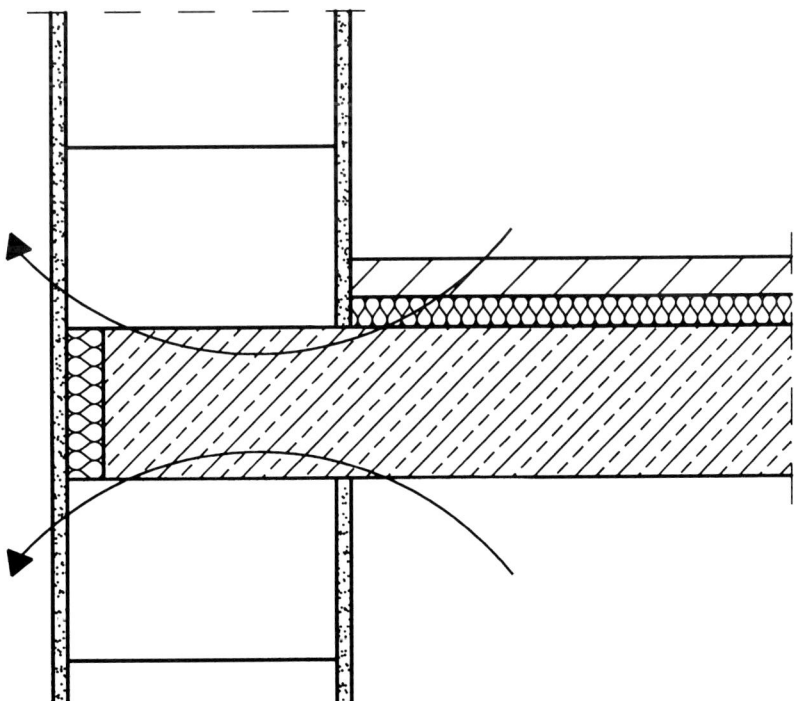

Abb. 17: Wärmebrücke an der Deckenstirndämmung eines monolithischen Mauerwerkes

Außenwände mit außenliegenden, verputzten Dämmschichten

Am häufigsten werden bei Außendämmungen Wärmedämmverbundsysteme angebracht, bei welchen Dämmplatten auf das Mauerwerk geklebt beziehungsweise in Einzelfällen auch gedübelt werden, so daß sie anschließend wieder verputzt werden können. Solche Systeme enthalten prinzipiell ein Gewebe, das neben mechanischen Beschädigungen auch Beeinträchtigungen durch thermische Ausdehnung beziehungsweise durch ein Schwinden der Baustoffe nach einer Abkühlung vorbeugt. Die Schadenshäufigkeit bei solchen Wärmedämmverbundsystemen ist inzwischen sogar geringer als bei herkömmlichen Außenputzen auf monolithischem Mauerwerk.

Je besser die Dämmeigenschaften des monolithischen Mauerwerks sind, desto schlechter haftet der Putz nämlich auf dem Untergrund. Die Übergänge zwischen Mauerwerk und Betonbauteilen mit Dämmung sind besonders kritisch, da lediglich die Dämmung mit einem Gewebe versehen wird, welches nur etwa 10 cm auf das Mauerwerk überlappt und somit die Risse nicht zwischen Mauerwerk und Dämmung auftreten, sondern dort, wo das Gewebe aufhört.

Bei den Wärmedämmverbundsystemen hingegen wird das Gewebe von Anschlußpunkt bis Anschlußpunkt gezogen, wo es am anschließenden Bauteil (zum Beispiel Fensterrahmen oder Abschlußschiene) dauerelastisch verfugt werden kann.

Bei der Verarbeitung ist vor allem darauf zu achten, daß sämtliche Komponenten von einem Hersteller und aus einem System stammen und aufeinander abgestimmt sind. Schäden treten eher dann auf, wenn härtere Dämmstoffe als der weiße Polystyrol-Partikelschaum (Styropor) verwendet, eventuell fest einbetoniert und sogar mit einem nicht geeigneten und zu wenig elastischen Putz versehen werden.

Solche Wärmedämmverbundsysteme gibt es schon seit einigen Jahrzehnten. Sie wurden nicht zur Energieeinsparung entwickelt, sondern um Bauschäden zu sanieren (Rißüberbrückung). So wurden sie auch sehr oft von Fertighausherstellern eingesetzt, welche auf ihren Tafelelementen nicht unmittelbar einen Außenputz anbringen können, ohne daß es Risse gibt oder daß die Fugen mit Deckleisten abgedeckt werden müssen. Deshalb wurden hier in der Regel 3 cm Styropor mit einem geeigneten Putz aufgebracht und das Gebäude sah nicht mehr wie ein Fertighaus aus.

Ein anderer Einsatzbereich war der Behälter- und Silobau, wo es zwangsläufig zu Aufheizungen und Abkühlungen kommt. Hier haben sich diese Systeme hervorragend bewährt.

Dies sind Einsatzgebiete, welche an Wärmedämmverbundsysteme höhere Anforderungen stellen als ein damit gedämmter Massivbau.

Wärmedämmverbundsysteme gibt es hauptsächlich mit Polystyrol-Hartschaum und Mineralfaserdämmstoff als Dämmung, wobei in der Regel die Systeme mit Mineralfaserdämmstoff etwas teurer sind. Mineralfaserdämmstoff hat Vorteile bezüglich des Brandschutzes. Für größere Gebäude gibt es entsprechende Brandschutzauflagen.

Bezüglich des Schallschutzes bei Systemen mit Polystyrol-Hartschaum kann generell keine Aussage getroffen werden. Man müßte dies im Einzelfall berechnen. Wenn es zu einer Verschlechterung kommen sollte, ist dies jedoch nur dann relevant, wenn entsprechend hochwertige Schallschutzfenster eingebaut werden.

Je stärker die Dämmschicht mit Polystyrol-Hartschaum wird, um so weniger ungünstig werden die schalltechnischen Eigenschaften. Dies führt bei starken Dämmschichten dazu, daß kaum noch eine Verschlechterung des Schallschutzes zu erwarten ist.

Demgegenüber wird bei Mineralfaserdämmstoffen der Schallschutz grundsätzlich verbessert.

Als Dämmstärken sind bei den gängigen Wärmedämmverbundsystemen bei praktisch allen Herstellern bis 12 cm erhältlich.

Sehr viele Hersteller bieten jedoch auch Dämmschichtdicken bis 18 cm an. Selbst für noch dickere Dämmschichten findet man Hersteller, welche diese Dämmschichtdicken entweder an einem Stück oder auch zweilagig liefern können.

Generell empfiehlt es sich, die statisch und eventuell schalltechnisch notwendige Mindestwandstärke und eher die Dämmung etwas dicker zu wählen, da dies im allgemeinen die preiswerteste Lösung darstellt. In den meisten Fällen genügt aus statischen Gründen ein 17,5 cm dickes Mauerwerk. Wenn dies statisch berechnet und entsprechend nachgewiesen ist, ist damit die Standsicherheit und Gebrauchsfähigkeit des Gebäudes genauso gewährleistet wie bei dickeren Wänden. Es sollte auch überlegt werden, ob für einzelne Wandteile, welche statisch nicht belastet sind, auch dünnere Wände genügen. Probleme mit Deckenauflagern gibt es bei 17,5 cm dickem Mauerwerk nicht, da die Decken vollflächig aufliegen können und außen die dicke Dämmung ohnehin vorhanden ist, so daß eine Deckenstirndämmung im Bereich des Mauerwerkes entfallen kann. Eine zusätzliche Dämmung an Betonbauteilen stellt eine unnötige Ausgabe dar, obwohl dies oft praktiziert wird.

Wenn Wärmebrücken, wie zum Beispiel am Fußpunkt des Mauerwerks durch eine Lage dämmende Steine oder Dämmstreifen, beseitigt werden, so können ansonsten für die Außenwände die preiswertesten Steine (Hohlblock- oder bei größeren Gebäuden auch Schalungssteine) verwendet werden. Solche Steine ohne besondere Dämmeigenschaften sind auch wesentlich schwerer und stellen besonders in Mehrfamilienhäusern Vorteile bezüglich der Schallängsleitung dar.

Auch was die Haltbarkeit von Wärmedämmverbundsystemen betrifft, braucht man keine Bedenken zu haben. Zum einen treten, wie gesagt, Schäden bei richtiger Verarbeitung nur sehr selten auf. Zum anderen lassen sich auch beschädigte Teile ausbessern, ohne daß gleich das ganze Gebäude neu gedämmt und verputzt werden muß.

Als Putz werden bei Wärmedämmverbundsystemen Kunstharzputze und minerali-sche Putze verwendet. Mineralische Putze haben den Vorteil, daß sie weniger schnell verschmutzen, während Kunstharzputze eine höhere Elastizität aufweisen. Bei nor-malen Massivbauten bieten jedoch auch mineralische Putze von Wärmedämmver-bundsystemen eine ausreichende Elastizität.

Neben den Wärmedämmverbundsystemen gibt es auch Wärmedämmputze, die in einer mineralischen Putzmasse Dämmstoffpartikel enthalten. Hiermit wird jedoch bei gleicher Dämmschichtdicke bestenfalls die Hälfte der Dämmwirkung der sonst üb-lichen Dämmstoffe erreicht. Die Schichtdicke ist auch etwa auf die Hälfte der mög-lichen Schichtdicke von Wärmedämmverbundsystemen begrenzt. Insofern sind sol-che Wärmedämmputze für Niedrigenergiehäuser unzweckmäßig.

Hinterlüftete Fassaden

Hierbei wird auf die Außenwand eine Dämmung aufgebracht, welche mittels eines Abstandes durch eine Fassade aus Holz, Faserzementplatten oder sonstige Mate-rialien abgedeckt wird. Der Abstand zwischen Dämmung und Fassade wird hinter-lüftet, damit vor allem durch Undichtigkeiten eindringendes Regenwasser wieder ab-geführt werden kann. Bei diffusionsdichten Fassaden (zum Beispiel aus Blech- oder Betonfertigteilen) hat die Hinterlüftung auch die Aufgabe, den durch die Außenwand hindurchdiffundierenden Wasserdampf, welcher aus der Raumluft stammt, abzufüh-ren.

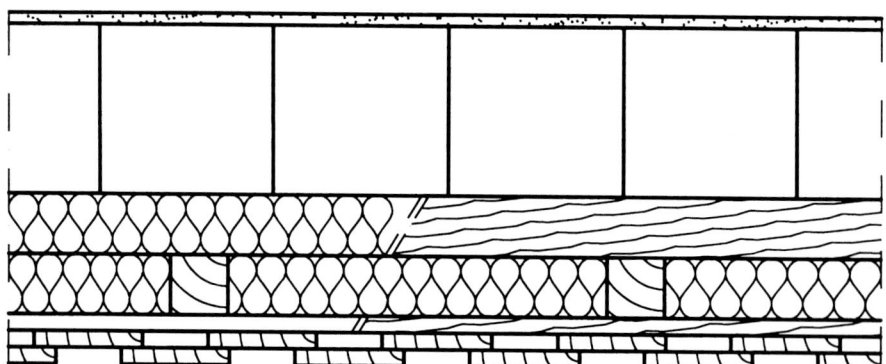

Abb. 18: Schnitt durch eine hinterlüftete Fassade

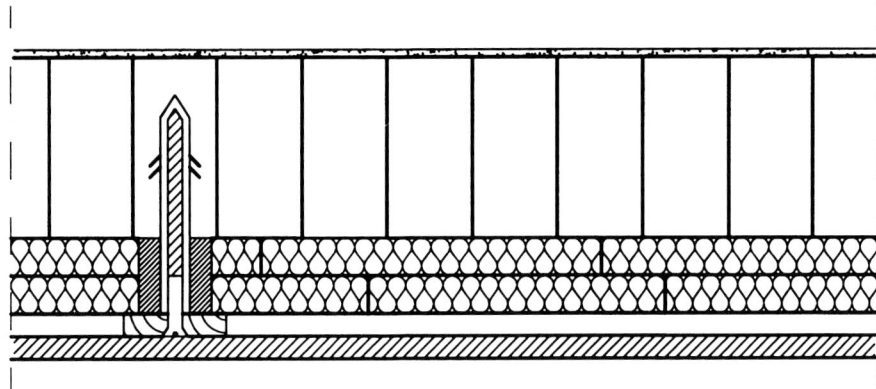

Abb. 19: Hinterlüftete Fassade mit Dämmung aus Hartschaum und Abstandshaltern

Zunächst ist es nicht ganz einfach, bei hinterlüfteten Fassaden dicke Dämmungen unterzubringen. Je stärker die Dämmschichtdicke ist, um so stärker müssen auch die Hölzer dimensioniert sein und das nicht nur in der Tiefe, sondern auch in der Breite. Man stelle sich vor, 12 bis 16 cm oder auch mehr Dämmung zwischen entsprechenden Hölzern unterzubringen. Nicht nur, daß die größeren Hölzer einschließlich der Befestigungsmittel unnötig hohe Kosten verursachen, sie verschlechtern auch die Dämmung der Konstruktion im Verhältnis zum Dämmstoff.

Um den Holzanteil möglichst gering zu halten, gibt es mehrere Möglichkeiten:

- Möglichst schlanke Hölzer wählen, die jedoch dann mittels Winkeln am Mauerwerk befestigt werden müssen. Im günstigsten Fall nimmt man hochkant stehende Bretter. Die Stabilität der Konstruktion hängt jedoch entscheidend von der Qualität der aufwendigen und teuren Winkelverschraubungen ab.

- Eine andere Möglichkeit besteht darin, Dämmstoff zweilagig zwischen einer kreuzweise verlegten Lattung anzubringen. Diese Hölzer könnten je Schicht die Abmessungen 40 x 60 oder 80 x 60 mm aufweisen und hochkant angebracht werden. Dabei kann bei der unteren Schicht ein doppelt so großer Abstand gewählt werden. Wenn Dämmplatten mit den Maßen 50 x 100 cm verwendet werden, könnte also der Holzabstand in der unteren Schicht 100 cm, in der oberen Schicht 50 cm betragen.
Bei dieser Konstruktion ist der Dämmstoff durch seine zweilagige Verlegung etwas teurer, man spart jedoch sehr viel Holz. Des weiteren können einfachere Verbindungsmittel gewählt werden, und die zweiten Hölzer auf die ersten zu schrauben geht sehr schnell. Eine starke Vereinfachung stellt das Dübeln und Ausrichten der ersten Hölzer im doppelten Abstand dar. Spätestens wenn man das Holzgerüst einer solchen Fassade in natura gesehen hat, ist man davon überzeugt, daß eine solche Konstruktion sogar etwas preiswerter sein wird.

- Man könnte auch mit zwei Lagen Hartschaum dämmen, so daß die Stöße versetzt sind, und auf eine Holzkonstruktion ganz verzichten. Spezielle Abstandshalter durchdringen die Hartschaumschicht und werden zusammen mit einer senkrechten oberhalb der Dämmschicht anzubringenden Latte beziehungsweise eines Brettes an das Mauerwerk angedübelt. Je dicker hier jedoch die Dämmschicht ausgeführt wird, um so labiler beziehungsweise kostenintensiver wird dann diese Konstruktion.

Härtere Dämmstoffe wie Hartschaumplatten sollten aber grundsätzlich nur dann eingesetzt werden, wenn sie mit einer anderen Schicht nach außen hin abgedeckt werden, damit nicht kalte Außenluft in zwischen den Platten möglicherweise entstandene Fugen eindringen kann und die Dämmeigenschaften der Konstruktion beeinträchtigt.

Zwischen Hölzern verlegt, eignen sich eher weiche Dämmstoffe wie zum Beispiel Mineralfaserdämmstoff, welcher 1 bis 2 cm breiter als der lichte Holzabstand zugeschnitten wird, so daß er an den Seiten angedrückt werden kann und dicht anliegt.

Leichtbau-Außenwände

Der Vorteil von Leichtbau-Außenwänden besteht vor allem darin, daß hervorragende Dämmwerte bei relativ dünnen Wandkonstruktionen erreicht werden können. Auch bieten sich Leichtbauwände für einen hohen Einsatz an Eigenleistung an.

Tendenziell können Leichtbauwände bei demselben k-Wert kostengünstiger erstellt werden als massive Wände. Maßgebend für die Baukosten sind jedoch nicht nur die einzelnen Komponenten, sondern das gesamte Gebäude, so daß dieser Aspekt nicht überbewertet werden soll.

Als Grundkonstruktion werden die statisch nötigen senkrechten Hölzer von außen mit einer Spanplatte verschalt. Alternativ hierzu wäre denkbar, die Aussteifung durch Metallbänder zu erreichen und als äußere Beplankung Weichfaserplatten oder festere Hartschaumplatten zu verwenden, welche gegenüber den Spanplatten eine zusätzliche Dämmwirkung bringen.

Eine äußere Beplankung ist schon deshalb zweckmäßig, damit der Dämmstoff einen guten Halt hat und die Hohlräume jeweils ganz ausfüllt. Somit kann ein Zusammensacken so gut wie ausgeschlossen werden. Je nach statischen Erfordernissen kann zwischen den Hölzern 12 bis 20 cm Dämmstoff (zum Beispiel Mineralfaserdämmstoff) untergebracht werden, was bei Niedrigenergiehäusern als eher bescheidene Dämmschichtdicke angesehen wird.

Hier empfiehlt es sich, die Konterlattung, welche bezüglich der Aufnahme der raumabschließenden Schicht (zum Beispiel meist Gipsplatten) nötig ist, etwas stärker auszuführen und dazwischen nochmals 5 bis 8 cm Dämmung unterzubringen. Der Vorteil dieser Konstruktion ist, daß sich Bereiche, wo die Wärme ausschließlich über Holz und nicht über Dämmstoff von innen nach außen geleitet wird, auf ein Minimum, nämlich die Kreuzungspunkte der beiden Hölzer, beschränken. Ferner kann die Dampfsperre vom Raum aus gesehen bis maximal 30 % in die Dämmebene hineingelegt, also in diesem Fall zwischen diesen tragenden Hölzern und den Querhölzern angebracht werden. Dies hat den Vorteil, daß der Elektriker oder auch andere Installateure innerhalb dieser Querdämmung ihre Installationen verlegen können und nicht jedesmal die Dampfsperre durchstoßen müssen. In diesem Fall sollte die Dampfsperre jedoch nach den in Abschnitt 2.3.5 genannten Kriterien verlegt werden.

Der Raumabschluß kann dann aus Gipsplatten bestehen. Spanplatten sind hier weniger geeignet, da diese sich darauf nicht so gut tapezieren lassen und sie sowohl bei Tapeten als auch bei Fliesen sehr leicht zu Rißbildungen führen.

Früher wurde oft eine 13 mm Spanplatte als Unterkonstruktion angebracht, welche dann mit einer Gipskartonplatte abgedeckt wurde. Der Vorteil war, daß die raumseitige Oberfläche sich weniger verzog und man trotzdem eine stabile Unterkonstruktion hatte, an der man Befestigungen vornehmen konnte.

Inzwischen sind sogenannte Gipsfaserplatten erhältlich, welche aus einem homogenen Gemisch von Gips und Zellulosefasern (Altpapier) bestehen. Diese Platten können in ihrer Konsistenz zwischen Gipskarton- und Spanplatten eingeordnet werden. Leichtere Gegenstände lassen sich mit Holzschrauben befestigen. Im Gegensatz zu Spanplatten dürfen hier die Holzschrauben jedoch nicht so stark angezogen werden, daß sie durchdrehen. Auch sehr schwere Gegenstände wie Oberschränke von Küchen lassen sich an diese Gipsfaserplatten mittels Spreizdübeln anbringen. Dies ist jedoch prinzipiell auch bei Gipskartonplatten möglich, nur mit dem Unterschied, daß sich bei Gipsfaserplatten das Loch exakt bohren läßt, bei Gipskartonplatten das Bohrloch oft sehr stark ausreißt und die Befestigung von Spreizdübeln dadurch etwas problematischer ist.

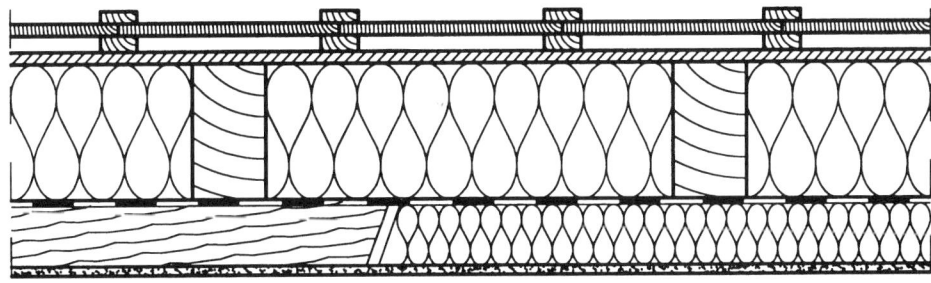

Abb. 20: Leichtbauaußenwände

Außenseitig kann die Konstruktion entweder mit einer hinterlüfteten Fassade (siehe auch Seite 52 ff.) abgedeckt oder auch verputzt werden.

Damit es bei der verputzten Fassade nicht zu Rißbildungen kommt, muß ein Wärmedämmverbundsystem (siehe auch Seite 50 ff.) mit zusätzlich zu dem Putz notwendiger Dämmschicht angebracht werden, wobei es sich aus Gründen der Kosteneinsparung empfiehlt, die senkrechten Hölzer und die dazwischenliegende Dämmschicht auf das statisch absolut notwendige Maß zu reduzieren und eher die Dämmschicht des Wärmedämmverbundsystems dicker zu wählen.

Auch sollte überlegt werden, ob im Einzelfall auf die innere Querlattung verzichtet werden kann, sofern das Holzständerwerk exakt ausgerichtet wird, da bei einem dicht ausgeführten Außenputz die Luftdichtigkeit nicht von der absolut lückenlosen Ausführung der Dampfsperre abhängt. Allerdings muß gewährleistet sein, daß der Außenputz besonders an sämtlichen Randanschlüssen luftdicht abschließt.

Fassadenbegrünung

Eine Fassadenbegrünung kann den Energiehaushalt einer Außenwand nur sehr geringfügig beeinflussen. Der oft diskutierte zusätzliche Windschutz wirkt sich bei einer gut gedämmten Wand weniger aus als bei einer schlecht gedämmten.

Wenn ein k-Wert nach DIN 4108 berechnet ist, so liegt dem äußeren Übergangswiderstand eine durchschnittliche Windgeschwindigkeit von 2,2 m pro Sekunde zugrunde.

Angenommen, dieser äußere Übergangswiderstand würde durch eine sehr dicke und vor allem an sämtlichen Anschlüssen dicht anliegende Fassadenbegrünung verdoppelt werden, so würde der k-Wert einer Außenwand von 2,0 auf 1,85 W/m^2 K zurückgehen. Beträgt jedoch der k-Wert einer Außenwand im Niedrigenergiehaus höchstens 0,3 W/m^2 K, so könnte er durch Verdoppelung des äußeren Übergangswiderstands lediglich auf 0,296 W/m^2 K reduziert werden.

Diesem geringen Vorteil bezüglich Reduzierung des thermischen Windangriffs an der Außenoberfläche wirkt entgegen, daß eine Fassadenbepflanzung sowohl die direkte als auch die diffuse Sonneneinstrahlung abhält. Diese Effekte liegen etwa in der gleichen Größenordnung.

Zusammenfassend kann gesagt werden, daß die Einflüsse, welche auf die Oberfläche von Außenwänden einwirken, die die Energiebilanz einer Wand praktisch nicht beeinflussen, sondern die Dämmung die Energiebilanz praktisch allein bestimmt. Unter rein energetischen Aspekten gesehen, ist eine Fassadenbegrünung nicht nötig. Auf andere ökologische Aspekte soll an dieser Stelle nicht eingegangen werden.

2.7.3 Dächer

Schrägdächer mit Dämmung zwischen den Sparren

Am einfachsten und preiswertesten ist es, die Dämmung zwischen den Sparren unterzubringen. Dabei empfiehlt es sich, weiche Dämmstoffe zu verwenden, welche dicht angepaßt beziehungsweise im Einzelfall auch eingeblasen werden können.

Mineralfaserdämmstoffe gibt es an einem Stück bis zu 22 cm Stärke, so daß es zweckmäßig ist, die Sparrenhöhe je nach statischen Erfordernissen auf 22, 20 oder zumindest auf 18 cm abzustimmen. Eine zusätzliche Dämmschicht von 5 bis 8 oder sogar 10 cm kann mittels einer Querlattung, am zweckmäßigsten innen, angebracht werden.

Bezüglich der Dampfsperre und der raumseitigen Verkleidung gilt das bereits bei Leichtbau-Außenwänden (siehe Seite 54 ff.) Erwähnte. Hier lassen sich mit nur ganz geringen Mehrkosten gegenüber den sonst üblichen Konstruktionen die für das Niedrigenergiehaus erforderlichen Dämmwerte erreichen.

Alternativ zu der raumseitig angebrachten Zusatzdämmung wäre auch denkbar, zusätzlich eine Hartschaumschicht auf den Sparren anzubringen. Aus verarbeitungstechnischen Gründen (damit sie bei der Eindeckung des Daches nicht durchgetreten werden) müssen diese Hartschaumplatten auf zusätzlichen Spanplatten oder eine Holzschalung verlegt und sollten nach außen mit einer diffusionsoffenen Unterspannbahn abgedeckt werden.

Auch oberhalb der Sparren wäre es prinzipiell denkbar, mittels einer Querlattung eine zusätzliche Schicht Mineralfaserdämmstoff anzubringen. Die Praxis hat jedoch gezeigt, daß man am preiswertesten eine zusätzliche Dämmschichtdicke unterhalb der Sparren mit den ohnehin nötigen, jedoch verstärkten Querhölzern erreichen kann.

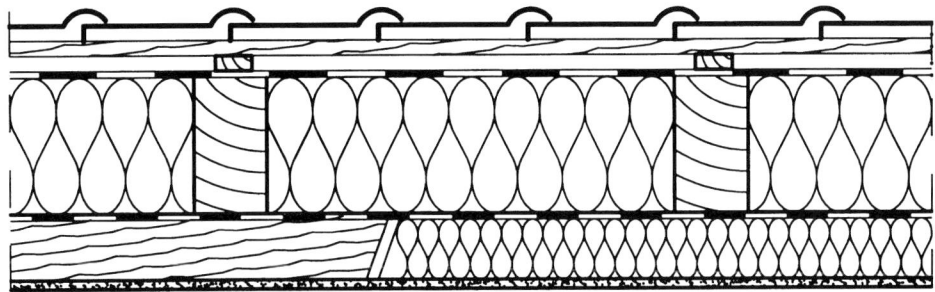

Abb. 21: Dachschräge mit Sparrenvolldämmung und zusätzlicher Dämmung unterhalb der Sparren

Eine Hinterlüftung zwischen Dämmung und Unterspannbahn beziehungsweise Unterdach ist nicht erforderlich, wenn die Unterspannbahn oder das Unterdach auf die Dampfsperre abgestimmt ist. Bei Unterspannbahnen, welche von seiten der Hersteller für eine Nichthinterlüftung des Daches angeboten werden, genügt eine 0,2 mm dicke Polyethylen-Folie als Dampfsperre. Dies gilt auch dann, wenn solche Unterspannbahnen auf Spanplatten, Weichfaserplatten oder ähnlichem angebracht sind. Lediglich bei Bitumenpappen muß bezüglich der Wasserdampfdiffusion ein separater Nachweis geführt und dabei auch berücksichtigt werden, daß das Holz meist mit einem relativ hohen Feuchtegehalt eingebaut wird und dann nicht so rasch austrocknen kann.

Die Hinterlüftung unterhalb der Unterspannbahn beziehungsweise des Unterdaches war bisher fast nur im deutschsprachigen Raum üblich. Im sehr viel kälteren Ausland, wie zum Beispiel Skandinavien, Kanada oder auch zum Teil in den Benelux-Ländern, war eine solche Hinterlüftung nicht gebräuchlich. Hinterlüftet wurde lediglich die Dacheindeckung an sich.

Es spricht alles dafür, die Hinterlüftung direkt über dem Dämmstoff durch geeignete Konstruktionen zu vermeiden. Ein Vorteil der Nichthinterlüftung besteht auch darin, daß die Unterspannbahn, selbst wenn sie an sich nicht vollständig luftdicht ausgeführt werden kann, noch zu einer zusätzlichen Luftdichtigkeit der Konstruktion beiträgt und somit der Gefahr von Schäden durch Feuchtekonvektion sowie übermäßigem Luftwechsel entgegenwirkt.

Es hat sich auch gezeigt, daß die Sparren bei nicht hinterlüfteten Dachkonstruktionen wesentlich trockener sind als bei hinterlüfteten. Dies läßt sich so erklären, daß sich die Dachfläche besonders in klaren Nächten durch Wärmeabstrahlung an die Atmosphäre unter die Umgebungstemperatur abkühlt und somit auch die Sparren etwas niedrigere Temperaturen annehmen. Wenn durch die Hinterlüftung dann die etwas wärmere Außenluft mit 80 oder 90 % relativer Luftfeuchte durchstreicht, kommt es zur Kondensation am Holz. Diese Art der Durchfeuchtung ist bei nicht hinterlüfteten Konstruktionen ausgeschlossen.

Schrägdächer mit Aufsparrendämmung

Bei den gängigen Aufsparrendämmsystemen läßt sich die gewünschte Luftdichtigkeit der Gebäudehülle nicht herstellen, da zwar die auf der über den Sparren befindlichen Sichtschalung angebrachte Pappe an den Stößen dicht verklebt werden kann,
jedoch Holzbaustoffe (Sparren sowie die Sichtschalung an Ortgang und Traufe) die
luftdichte Schicht durchstoßen. Jegliche Abdichtungsmaßnahmen an solchen Stellen können als vergebliche Mühe bezeichnet werden. Die einzige Möglichkeit besteht darin, sowohl die Sparren als auch die Schalung an der äußeren Gebäudekante
abzuschneiden, die Pappe am Rand einzuputzen oder auf andere Art und Weise
dicht anzuschließen. Der Dachüberstand kann mittels einer zusätzlichen Schalung
darüber angebracht und aus als Stummelsparren verlängerten Schubhölzern hergestellt werden.

Die Aufsparrendämmung ist in der Summe aus Dämmsystem und den teureren Hölzern (konsequentere Trocknung) die kostenintensivere Lösung und wird durch solche aufwendigen Anschlußdetails nochmals verteuert.

Bezüglich der möglichen Dämmstoffdicken sind bei der alleinigen Aufsparrendämmung eher Grenzen gesetzt, da die Schubkräfte mit zunehmender Dämmstoffdicke
stärker werden und ein erhöhter Befestigungsaufwand nötig wird. Wenn k-Werte von
0,15 bis 0,2 W/m² K erreicht werden wollen, so ist es schon problematisch, das
Dämmsystem zusammen mit der Konterlattung einfach auf den Sparren durchzu-
nageln. Auch muß beachtet werden, daß bezüglich des optischen Eindruckes sehr
dick ausgeführte Aufsparrendämmungen »kopflastig« wirken.

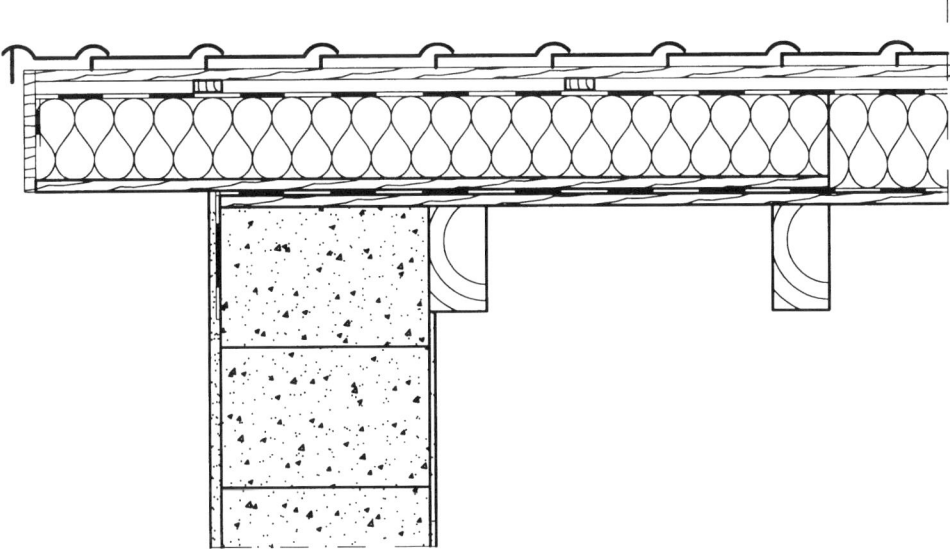

Abb. 22: Aufsparrendämmung – luftdichte Anschlüsse am Ortgang

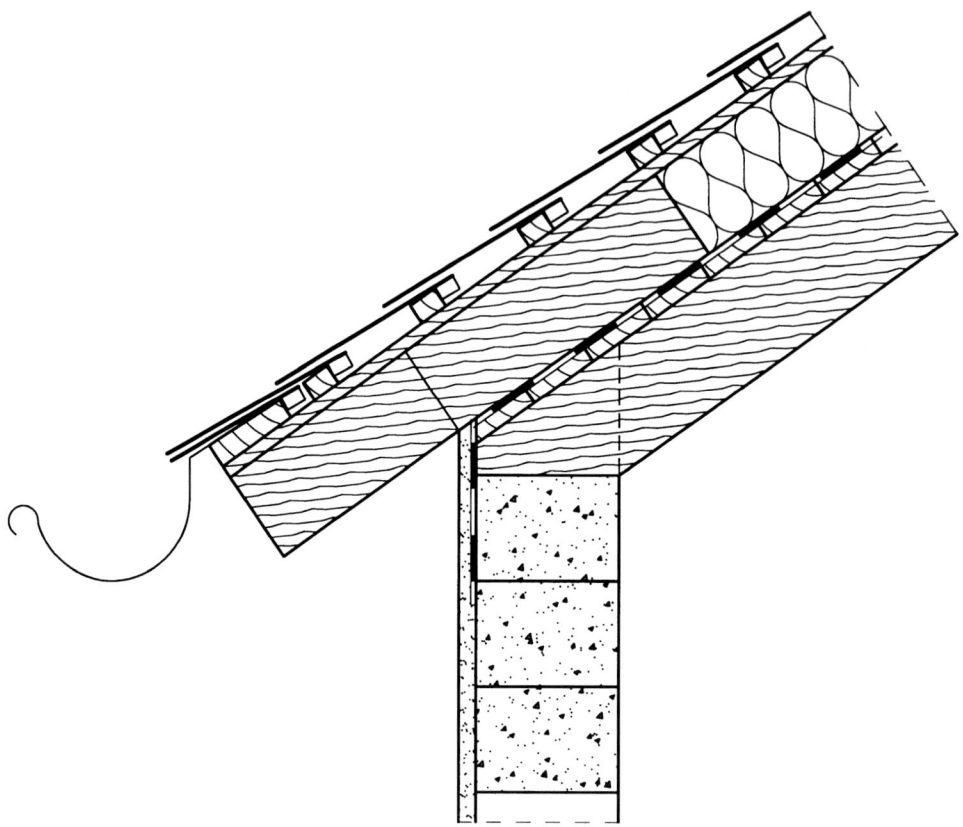

Abb. 23: Aufsparrendämmung – luftdichte Anschlüsse an der Traufe

Flachdächer

Bei massiven Flachdächern können ohne Beachtung besonderer Umstände stärkere Dämmschichtdicken untergebracht werden. Wenn man den normal üblichen Randabschluß (Attika) betrachtet, so wird dieser um das Maß der zusätzlichen Dämmschicht höher, was jedoch kaum ins Auge fällt.

Als besonders erwähnenswert erscheint in diesem Zusammenhang das Umkehrdach, bei welchem auf die massive Dachkonstruktion zugleich Dampfsperre und Abdichtung und darüber die Dämmung im nassen Bereich verlegt wird. Der Dämmstoff wird mit Kies oder anderen geeigneten Materialien abgedeckt. Alternativ hierzu gibt es auch Dämmstoffplatten aus extrudiertem Polystyrol-Hartschaum, welche bereits mit einer Mörtelschicht zur Beschwerung und zum Schutz gegen UV-Strahlen erhältlich sind.

Neben weniger Arbeitsgängen liegt der Vorteil des Umkehrdaches darin, daß die Dachhaut keinen so hohen jahreszeitlich bedingten Temperaturschwankungen unterliegt wie bei konventionellen Flachdächern. Die hierfür angebotenen Dämmstoffe nehmen nur so wenig Wasser auf, daß ihre Dämmeigenschaften nur ganz geringfügig beeinträchtigt werden. Wichtig ist, daß an sämtlichen Anschlußstellen und Randabschlüssen die Dachhaut vollständig mit Dämmung überdeckt ist.

Bei Leichtbau-Flachdächern gelten prinzipiell dieselben Kriterien wie bei der Dachschräge. Auch hier ist es möglich, auf die Hinterlüftung direkt über der Dämmung zu verzichten. Allerdings sollte dann die darüberliegende Schicht so ausgeführt sein, daß kein Wasser eindringen kann. Eine Folie oder Dachbahn müßte dann an den Stößen dicht verklebt sein. Die Hinterlüftung oberhalb des Unterdaches zur darüberliegenden Dachkonstruktion muß jedoch entsprechend den einschlägigen Richtlinien wesentlich stärker dimensioniert werden.

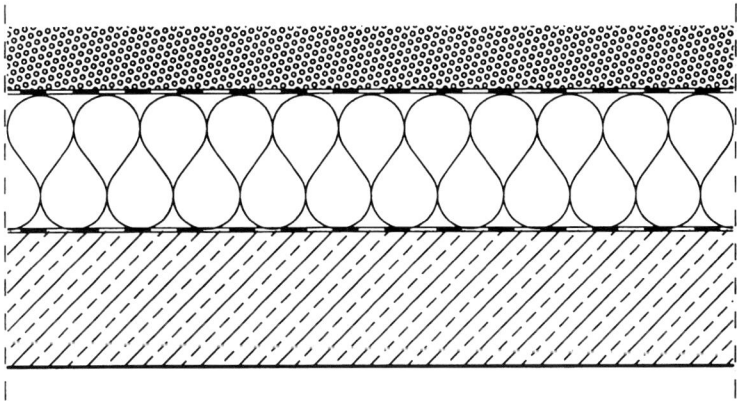

Abb. 24: Flachdach – konventioneller Aufbau

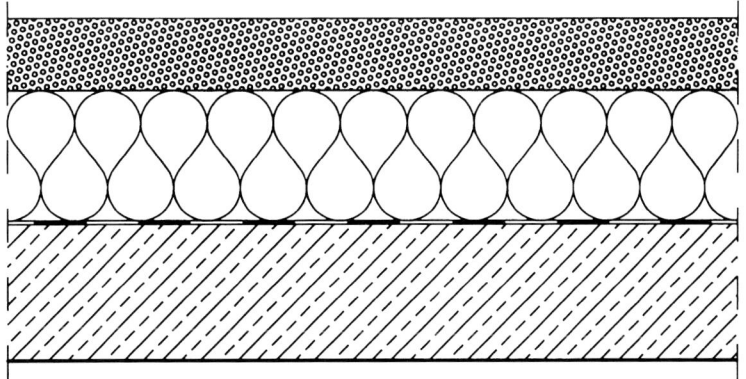

Abb. 25: Flachdach – Umkehrdach

Tabelle 5: Mögliche Dachkonstruktionen für das Niedrigenergiehaus (Auswahl)

Konstruktionen	k-Werte
Sparrenvolldämmung	
• 24 cm Wärmedämmung 040 zwischen den Sparren	$0{,}21\ W/m^2\ K$
• 26 cm Wärmedämmung 040 zwischen den Sparren	$0{,}19\ W/m^2\ K$
• 30 cm Wärmedämmung 040 zwischen den Sparren	$0{,}17\ W/m^2\ K$
• 18 cm Wärmedämmung zwischen den Sparren und 5 cm darunter zwischen Querhölzern	$0{,}17\ W/m^2\ K$
• 20 cm Wärmedämmung zwischen den Sparren und 8 cm darunter zwischen Querhölzern	$0{,}15\ W/m^2\ K$
• 22 cm Wärmedämmung zwischen den Sparren und 10 cm darunter zwischen Querhölzern	$0{,}13\ W/m^2\ K$
Aufsparrendämmung bzw. Flachdachdämmung	
• mit 18 cm Wärmedämmung 040	$0{,}20\ W/m^2\ K$
• mit 25 cm Wärmedämmung 040	$0{,}15\ W/m^2\ K$
• mit 12 cm Wärmedämmung 025*)	$0{,}19\ W/m^2\ K$
• mit 16 cm Wärmedämmung 025*)	$0{,}15\ W/m^2\ K$

*) zur Zeit niedrigste Wärmeleitfähigkeit, welche ohne schädliche Treibgase erreicht wird.

Begrünte Dächer

Oft besteht der Wunsch, sowohl Schräg- als auch Flachdächer zu begrünen. Besonders bei Flachdächern, welche von oben eingesehen werden können, ist eine Begrünung rein aus optischen Gründen empfehlenswert.

Bezüglich der Energieeinsparung bringt auch hier eine Begrünung genauso wie an der Fassade (siehe Seite 56) nur äußerst wenig. Durch eine Begrünung erhöhen sich allerdings die Kosten einer Dachkonstruktion in relativ hohem Maße. Diese Kosten dürfen nicht der Niedrigenergiebauweise zugerechnet werden. Auch hier kann auf die gesamtökologischen Zusammenhänge nicht eingegangen werden.

Begrünte Dächer als Leichtbaukonstruktion sollten möglichst mit Hinterlüftung ausgeführt werden, so daß in Folge der Beschädigung der Dachhaut oder der wurzelfesten Schicht eindringendes Wasser wieder problemlos abgeführt werden kann. Bei Massivdächern ist dagegen eine Hinterlüftung nicht notwendig. Dämmsysteme für begrünte Dächer erreichen nicht alle die für das Niedrigenergiehaus gewünschte Dämmwirkung. Im Einzelfall muß mit den Herstellern darüber gesprochen werden, ob nicht auch stärkere Dämmstoffdicken ausgeführt werden können.

2.7.4 Bauteile gegen Keller und Erdreich

Diese Bauteile werden bezüglich der Wärmedämmung oft viel zu wenig beachtet. Bei ausreichend dimensionierter und wärmebrückenfrei ausgeführter Dämmung sind Bauteile gegen Keller und Erdreich ebenfalls angenehm warm und auch Untergeschoßwohnungen mittels geringer Beheizung sehr behaglich.

Bei Innendämmungen (einschließlich im Fußbodenaufbau untergebrachten Dämmschichten) muß zwingend eine Dampfsperre auf der warmen Seite des Dämmstoffes eingebaut werden. Diese Dampfsperre ist auf die Feuchtesperre, welche weiter außen im Bauteilaufbau liegt, abzustimmen, beziehungsweise die Feuchtesperre ist so zu wählen, daß die vorgesehene Dampfsperre bezüglich ihres Wasserdampfdiffusionswiderstandes genügt. Ohne Dampfsperre würde zwischen den Wänden oder Bodenplatten beziehungsweise Decken und der Dämmschicht Kondensat ausfallen. Bei Außenbauteilen kann in vielen Fällen dieses Kondensat im Sommer wieder austrocknen. Diese sommerliche Austrocknung ist jedoch bei Bauteilen gegen Erdreich oder Keller nicht gegeben. Im Gegenteil: Bei nahezu unveränderten Temperatur- und Feuchtebedingungen im Erdreich oder Keller ist der Wasserdampfgehalt in der Raumluft während des Sommerhalbjahres etwa doppelt so hoch, so daß im Sommer erst recht viel Wasserdampf in das Bauteil eindiffundieren und auskondensieren kann.

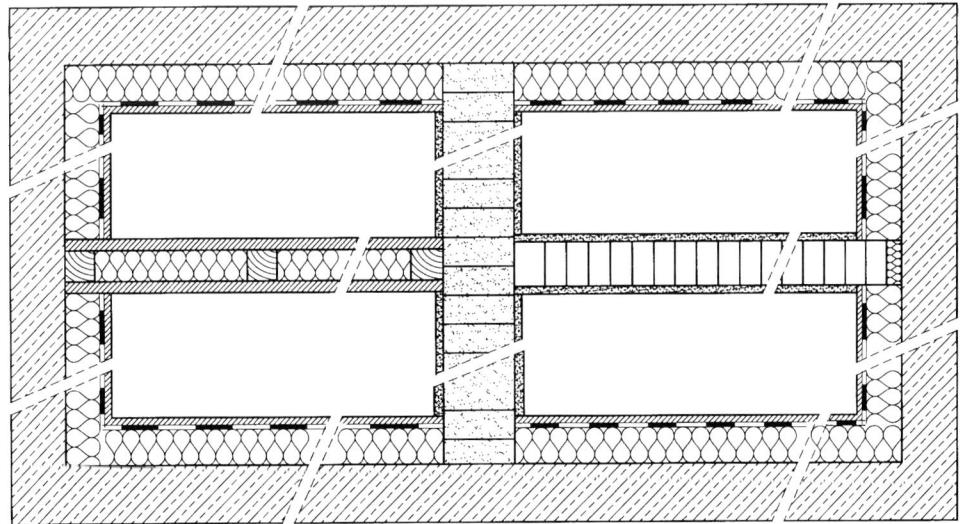

Abb. 26: Querschnitt einer Innendämmung im Untergeschoß

Die Frage, ob warme Untergeschoßräume zweckmäßigerweise von außen oder von innen gedämmt werden, kann nicht generell beantwortet werden. Es sollen deshalb Argumente für und wider beide Möglichkeiten dargestellt werden:

- Bei der Außendämmung entstehen keine Wärmebrücken an der darüberliegenden Decke nach außen, jedoch Wärmebrücken im Fundamentbereich und an der Decke zwischen warmen und kalten Räumen sowie an den Innenwänden zu kalten Räumen.

- Bei der Innendämmung können diese Wärmebrücken vermieden werden, wenn entsprechend den in Abschnitt 2.2 »Vermeidung von Wärmebrücken« genannten Vorschlägen eine thermische Trennung einschließlich einer gegebenenfalls nötigen zusätzlichen Deckendämmung mit reduzierter Dämmstärke durchgeführt wird.

- Bei der Außendämmung werden oft Wärmebrücken in Verbindung mit Lichtschächten oder nach außen anbetonierten Stützmauern und ähnlichem nicht beachtet.

- Wenn ausgebaute Untergeschoßräume gegen Tiefgaragen grenzen, so ist eine Außendämmung aufgrund der möglichen Beschädigung undenkbar.

- Eine Außendämmung muß vor Anschütten des Arbeitsraumes angebracht werden, während in Verbindung mit Innendämmungen Untergeschoßräume auch noch nachträglich (eventuell in Eigenleistung) ausgebaut werden können.

- In Einzelfällen wurde schon beobachtet, daß bei Außendämmungen gegen Erdreich der Dämmstoff von Ratten oder anderen Tieren angeknabbert und beschädigt, zum Teil sogar abtransportiert wurde. Es dauert natürlich lange, bis soviel Dämmstoff davon betroffen ist, daß der Energieverbrauch eines Hauses merklich ansteigt. Bei der Innendämmung ist diese Gefahr jedoch von vornherein ausgeschlossen.

- Wenn argumentiert wird, bei einer Innendämmung würde man Platz verlieren, so kann man dem entgegenhalten, daß es auch möglich ist, bei einer Innendämmung die Betonwand um dieses Stück weiter nach außen zu setzen (siehe Abb. 27). Statisch bringt dieser kleine Versatz keine Probleme.

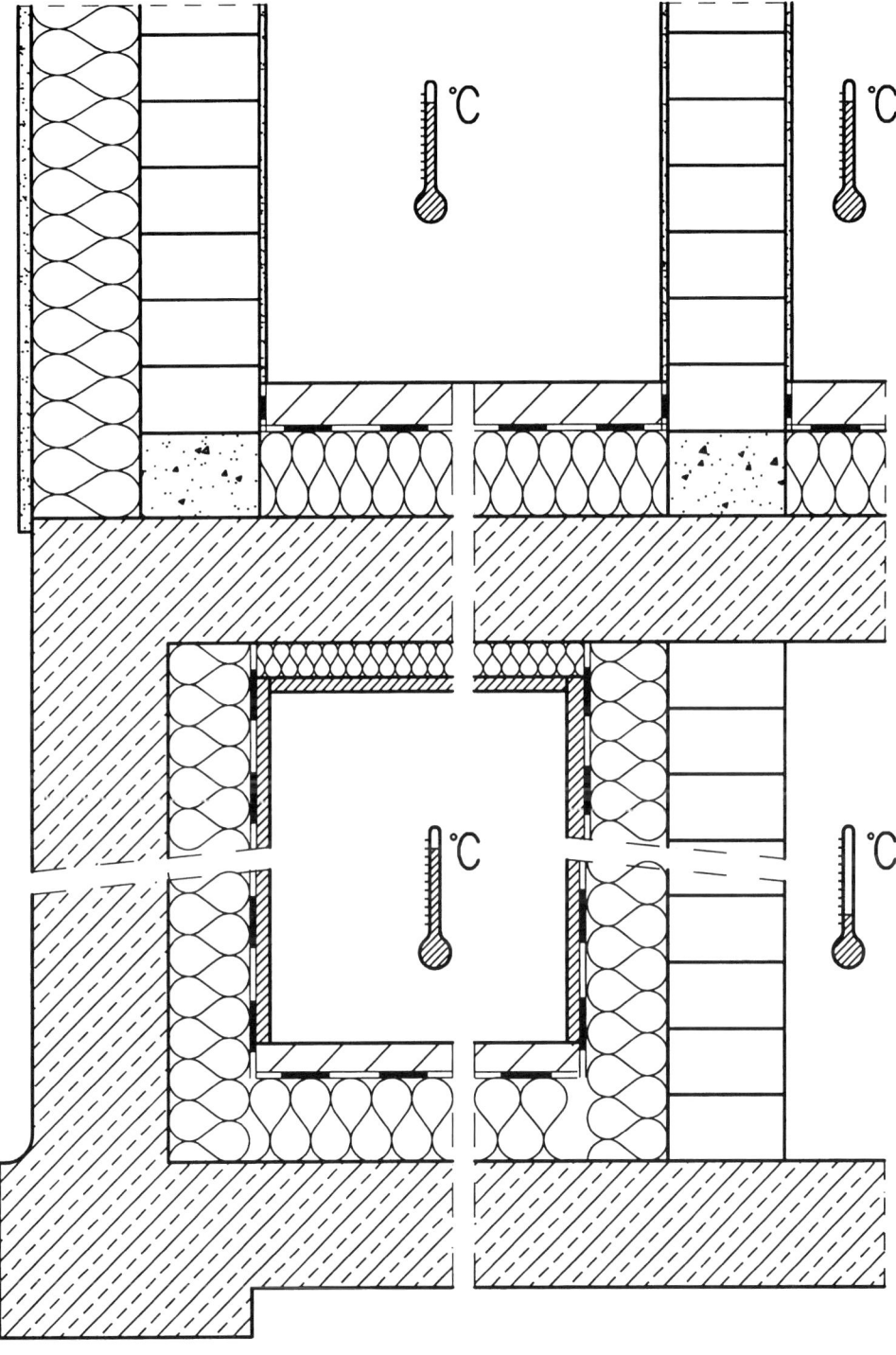

Abb. 27: Längsschnitt einer Innendämmung im Untergeschoß

Fußböden gegen Keller und Erdreich

Eine unter der Bodenplatte angebrachte Dämmung ist in der Regel sehr teuer, was vor allem an den Kosten für Dämmstoffe liegt. Da für Böden gegen Keller und Erdreich ein zusätzlicher Fußbodenaufbau in Form eines Naß- oder Trockenestrichs ohnehin erforderlich ist, empfiehlt sich eine zusätzliche im Fußbodenaufbau eingelegte Dämmung, für die sich die Kosten relativ gering auswirken.

Sofern es die Höhenverhältnisse zulassen, kann preiswerter Polystyrol-Partikelschaum (weißes Styropor) verwendet werden. Hierfür ist es jedoch üblich, anstatt einer Rohdichte von 15 kg/m^3 die Rohdichte 20 kg/m^3 zu wählen, was aber im Dämmstoffpreis kaum etwas ausmacht. Andere Dämmstoffe, welche bei geringerer Dicke dieselbe Dämmwirkung bringen, kosten wesentlich mehr, oft sogar ein Vielfaches.

Zwischen Dämmschicht und Estrich kann bei Bedarf eine zusätzliche Trittschalldämmung verlegt werden.

In vielen Fällen werden von seiten der Estrichleger Bedenken gegen zu hohe Dämmschichten angemeldet. Dies wird damit begründet, daß der Estrich reißen könnte. Eine Zeitlang galt bei den Estrichlegern die Faustformel, daß gegenüber der Estrichdicke die Dämmung nur etwa zwei Drittel einnehmen soll. Inzwischen hat sich diese Faustformel so gewandelt, daß der Dämmstoff nicht dicker als der Estrich sein sollte. Beide Faustformeln haben jedoch mit der Realität sehr wenig zu tun.

In der einschlägigen DIN-Vorschrift (DIN 18 560 – Estriche im Bauwesen – Teil 2) wird als Mindestdicke für Zementestriche lediglich 35 mm angegeben.

In der Praxis hat es sich eingebürgert, daß selbst bei dünnen Dämmschichten 45 mm Estrichstärke ausgeführt werden. Es muß jedoch klar und deutlich gesagt werden, daß die Stabilität des Estrichs nicht von der Dämmstoffdicke, sondern von der Nachgiebigkeit des Dämmstoffs abhängt.

Bei Trittschalldämmplatten aus Mineralfaserdämmstoff geht man unter Normbelastung von einer Nachgiebigkeit von 5 mm aus und dies unabhängig von der Stärke dieser Platten. Dies wird auch von jedem Estrichleger akzeptiert. Damit eine Styroporplatte unter dieser erwähnten Normbelastung 1 mm nachgibt, müßte diese etwa 1 m dick sein. Diese Überzeichnung soll deutlich machen, daß die Nachgiebigkeit von Hartschäumen im Fußbodenaufbau gegenüber der von Trittschalldämmstoffen vernachlässigt werden kann. Wenn keine zusätzliche Trittschalldämmung nötig ist und nur eine sehr dicke Hartschaumschicht eingebracht wurde, dann beträgt die Nachgiebigkeit sogar nur einen Bruchteil im Vergleich zu der bei Trittschalldämmplatten, und zusammen mit Trittschalldämmungen ist die Nachgiebigkeit von darunterliegenden Hartschaumplatten vernachlässigbar.

Den Estrich dicker zu wählen, bringt einige Gefahren, indem er sich bei der Trocknung mehr verformen kann und dadurch eher zu Rißbildung führt. Wenn Beispiele erwähnt werden, wo ein Zementestrich dazu geführt hat, daß nach dem Einzug die Fugen zwischen Bodenbelag und Sockelleiste gerissen sind, so läßt sich dies auf keinen Fall mit der darunterliegenden Dämmschichtdicke begründen, sondern dadurch, daß sich der Estrich während der Trocknung am Rand nach oben wölbt und erst nach einigen Wochen oder Monaten wieder vollständig in seine ursprüngliche Lage zurückgeht. Das Problem besteht darin, daß die Sockelleisten und die Verfugungen beim Zementestrich nicht allzu früh angebracht werden dürfen.

Auch unter Trockenestrichen aus Gips- oder Spanplatten kann beliebig viel Dämmung eingebaut werden. Ein häufig begangener Fehler, welcher Trockenestriche in Mißkredit bringt: Es werden hierfür oft ungeeignete Trittschalldämmplatten eingebaut. Für Trockenestriche gibt es spezielle Trittschalldämmplatten, die eine weit geringere Nachgiebigkeit aufweisen, so daß eine ausreichende Stabilität gegeben ist. Wenn die hierfür geeigneten Trittschalldämmplatten auch eine gute Schalldämmung bringen sollen, so sind sie wesentlich teurer.

Wände gegen Erdreich und kalte Räume

Prinzipiell sind für Wände gegen Erdreich zwar monolithische Wände aus Dämmsteinen möglich, so daß bei entsprechender Wandstärke keine oder nur noch eine relativ geringe Zusatzdämmung zur Erreichung des Niedrigenergiestandards nötig ist. Aus Gründen der Abdichtung gegen von außen eindringende Feuchte sind jedoch Wände aus Ortbeton mit zusätzlicher Dämmung besser geeignet, da bei eventuellen Setzungen keine Risse entstehen und somit die Feuchtesperre auch nicht beschädigt wird.

Bezüglich der Zusatzdämmung gilt das bereits Gesagte. Innenwände zwischen warmen und kalten Räumen können im Massivbau am zweckmäßigsten aus Dämmsteinen gemauert werden. Bei Zugrundelegung einer Wärmeleitfähigkeit von 0,11 W/mK erreicht man bei einer 24 cm dicken Wand einen k-Wert von 0,4 W/m^2 K, bei 17,5 cm einen Wert von 0,53 W/m^2 K. Werden Mauerwerksteine mit einer Wärmeleitfähigkeit von beispielsweise 0,15 W/mK verwendet, so werden k-Werte von 0,53 beziehungsweise 0,68 W/m^2 K erreicht.

Je nachdem, wie groß das zu erwartende Temperaturgefälle zwischen beiden Räumen ist und wie die Dämmeigenschaften des Mauerwerks beschaffen sind, ist eine zusätzliche Dämmung nötig. Da die Wand aus dämmenden Steinen nicht zu Wärmebrücken führt, kann problemlos auf einer der beiden Seiten eine Zusatzdämmung angebracht werden.

Werden bezüglich des Schallschutzes gewisse Anforderungen gestellt, so müssen entweder die Dämmsteine mit einer Vorsatzschale aus Mineralfaserdämmstoff und entsprechender Beplankung ausgeführt, oder es muß ein schweres Mauerwerk beziehungsweise Beton verwendet werden, welches entsprechend den Kriterien zur Vermeidung von Wärmebrücken gedämmt werden muß. Im Einzelfall müssen die Schalldämmaße der Bauteile berechnet und den Anforderungen gegenübergestellt werden.

Tabelle 6: Mögliche Konstruktionen gegen Keller und Erdreich

Konstruktionen	k-Wert
• Betondecke mit 10 cm Wärmedämmung 040	$0,34 \, W/m^2 \, K$
• Betondecke mit 12 cm Wärmedämmung 040	$0,29 \, W/m^2 \, K$
• Holzbalkendecke mit 18 cm Dämmung 040 im Gefach	$0,24 \, W/m^2 \, K$
• Bodenplatte mit 10 cm Wärmedämmung 040	$0,37 \, W/m^2 \, K$
• Bodenplatte mit 12 cm Wärmedämmung 040	$0,31 \, W/m^2 \, K$
• betonierte Außenwand mit 9 cm Dämmung 040	$0,40 \, W/m^2 \, K$
• betonierte Außenwand mit 12 cm Dämmung 040	$0,31 \, W/m^2 \, K$
• Innenwand aus Mauerwerk mit 25 cm Dämmstein (0,11 W/mK)	$0,39 \, W/m^2 \, K$
• Mauerwerk ohne besondere Dämmeigenschaften mit 8 cm Dämmung 040	$0,40 \, W/m^2 \, K$
• Mauerwerk ohne besondere Dämmeigenschaften mit 12 cm Dämmung 040	$0,30 \, W/m^2 \, K$

2.8   Wintergärten

Ist ein Wintergarten in der Planung vorgesehen, dann sollten die Bauteile zwischen Wintergarten und Wohnräumen (sowohl Fenster als auch Wände) so beschaffen sein wie die übrigen Außenbauteile.

Die zusätzliche Pufferwirkung eines Wintergartens wird oft überschätzt. Da sich meist ein Wintergarten nur über 5 bis 10 % der gesamten Gebäudeoberfläche erstreckt, können auch nur in diesem Bereich die Transmissionswärmeverluste reduziert werden.

Die Reduzierung der Lüftungswärmeverluste durch Wintergärten ist unerheblich, wenn man davon ausgeht, daß Niedrigenergiehäuser ohnehin über eine entsprechende Luftdichtigkeit verfügen und mit einer Anlage zur kontrollierten Lüftung ausgestattet sind.

Von der Möglichkeit, die Frischluftversorgung über den Wintergarten zu realisieren, muß abgeraten werden, unabhängig davon, ob es sich um Anlagen zur kontrollierten Wohnungslüftung oder um Fensterlüftung handelt. Durch die Entnahme der Frischluft aus dem Wintergarten würde je nach dessen Luftfeuchte die Entfeuchtungswirkung der Lüftung in Frage gestellt, es würde eventuell sogar zusätzliche Feuchte in die Wohnräume eingebracht werden. Da die Feuchteabfuhr im Normalfall die für die Luftwechselrate ausschlaggebende Einflußgröße ist, muß hierfür trockene Außenluft und nicht feuchte Luft aus dem Wintergarten verwendet werden.

Die überwiegende Anzahl der ausgeführten Wintergärten verschlechtert sogar die Energiebilanz des Gebäudes, weil sie entweder frostfrei oder zum Teil auch stärker beheizt werden. Ferner wird beobachtet, daß in sehr vielen Fällen die Tür zwischen Wohnraum und Wintergarten auch dann geöffnet ist, wenn es im Wintergarten kühler ist als im Haus.

Daß ein Wintergarten während des Sommerhalbjahres nicht unter Einsatz elektrischer Energie gekühlt wird, sollte selbstverständlich sein. Auch elektrisch betriebene Lüfter benötigen bei einem mittelgroßen Wintergarten etwa 600 Watt elektrische Leistungsaufnahme. Eine solche Lösung wäre nur denkbar, wenn der Strom hierfür über Solarzellen bereitgestellt würde. Energetisch sinnvoller wäre jedoch, diesen solarerzeugten Strom für andere Zwecke zu nutzen oder gegebenenfalls ins Verbundnetz einzuspeisen und eine andere Lösung für die Kühlung beziehungsweise Verschattung des Wintergartens zu suchen.

Am zweckmäßigsten ist es, den Sonnenschutz durch eine möglichst außenliegende Verschattung in Verbindung mit einer Möglichkeit zur Querlüftung des Wintergartens herzustellen. Beim Entwurf des Wintergartens sollte bereits darauf geachtet werden, daß die zu beschattenden Flächen so gestaltet sind, daß eine Beschattung auf einfache Art und Weise möglich ist.

Wer einen möglichst unkomplizierten Wintergarten mit geringen laufenden Energiekosten haben möchte, dem sollte zu einem ins Haus integrierten Wintergarten geraten werden. Dieser könnte aus einer relativ kleinen, bescheidenen Schrägvergla-
sung im Dachbereich eines Wohnzimmers oder eines Erkers bestehen, der so wenig wie möglich die Oberfläche vergrößert. Insofern wäre der Wintergarten ein Teil
des Wohnzimmers und damit ständig wie das Wohnzimmer beheizt und entsprechend nutzbar. Bei exponierten Wintergärten hingegen muß zwischen Wintergarten
und Wohnraum eine thermische Trennung mit ähnlichen wärmetechnischen Eigenschaften wie Außenbauteile vorhanden sein, da sonst der Wintergarten zu einem
drastischen Anstieg des Energieverbrauchs führen würde.

Bezüglich der Wintergärten kann also zusammenfassend gesagt werden, daß diese
zur Energieeinsparung nicht nötig sind, in den überwiegenden Fällen den Energieverbrauch sogar erhöhen und sehr sorgfältig geplant werden müssen, wenn sie zu
keinem Mehrenergieverbrauch führen sollen.

3 Haustechnik

Im Zusammenhang mit der Niedrigenergiebauweise wird oft der Haustechnik viel zu wenig Beachtung geschenkt. Fehlerhaft geplante oder falsch ausgeführte haustechnische Anlagen können unter Umständen sogar mehr zusätzliche Energie verbrauchen als durch verbesserte Wärmedämmaßnahmen eingespart werden kann. Des weiteren darf die Hilfsenergie in Form von elektrischem Strom für den Antrieb von Pumpen, Ventilatoren und dergleichen nicht vernachlässigt werden.

3.1 Lüftung

Lüftung im Niedrigenergiehaus soll unter dem Oberbegriff Haustechnik betrachtet werden, da eine kontrollierte Lüftung mit einer zwar kleinen und einfachen jedoch technischen Anlage zweckmäßig ist, wie dies nachfolgend detailliert erläutert wird.

3.1.1 Begründung für die kontrollierte Lüftung

Die kontrollierte Lüftung läßt sich nicht nur durch die Energieeinsparung begründen. Die Verbesserung der Raumluftqualität und Gewährleistung eines für ein hygienisches Raumklima notwendigen Mindestluftwechsels spielen eine mindestens genauso wichtige Rolle. Die Energieeinsparung ist ein willkommener Nebeneffekt.

Daß gerade im Niedrigenergiehaus eine Anlage zur kontrollierten Lüftung nicht fehlen darf, rührt daher, daß ein hygienisch einwandfreier Luftwechsel mittels Fensterlüftung meistens nicht ohne überzogene Luftwechselraten sichergestellt werden kann. In der Praxis hat sich gezeigt, daß entweder zuviel oder zuwenig gelüftet wird und entweder die Raumluftqualität darunter leidet oder ein überzogener Luftwechsel zu Zugerscheinungen und zu trockener Luft aufgrund einer übermäßigen Feuchteabfuhr führt.

Wenn man als ideale Luftwechselrate zum Beispiel einen 0,5fachen stündlichen Luftwechsel zugrunde legt, so wird diese Zahl in den meisten Fällen entweder deutlich unter- oder überschritten. Es werden Luftwechselraten in der Größenordnung von 0,1 pro Stunde oder auch bis 2,0 pro Stunde sehr häufig festgestellt, nicht jedoch der erwünschte 0,5fache Luftwechsel. Es scheint also tatsächlich so zu sein, daß richtiges Lüften über Fenster praktisch nicht möglich ist.

Eine kontrollierte Lüftung hat den Vorteil, daß die Luftwechselrate auf den tatsächlichen Bedarf eingestellt werden kann und somit bei einem Minimum an Lüftungswärmeverlusten die hygienisch notwendige Luftwechselrate sichergestellt ist. Aus hygienischen Gründen sowie bezüglich des Energieverbrauchs sollten Anlagen zur kontrollierten Lüftung ohne Querdurchströmung der Wohnung abgelehnt werden.

Wenn zum Beispiel in den Naßräumen (Küche, Bad, WC, gegebenenfalls Hauswirtschaftsraum und dergleichen) entlüftet und die Aufenthaltsräume (Wohn-, Schlaf-, Kinder-, Arbeitszimmer und dergleichen) belüftet werden, so reduziert dies nochmals den Lüftungswärmebedarf, weil nicht, wie sonst üblich, in jeden Raum kalte Außenluft eingebracht und zugleich warme Raumluft abgeführt wird, sondern Luft aus den Aufenthaltsräumen die Verbindungsräume und Naßräume praktisch gratis entlüftet. Auch wird dadurch sichergestellt, daß weder Feuchte noch Gerüche aus den Naßräumen in den Wohnbereich gelangen.

In der Fachliteratur wird normalerweise zwischen freier Lüftung und mechanischer Lüftung unterschieden. Dabei wird unter freier Lüftung neben der gezielten Fensterlüftung auch Lüftung über Gebäudeundichtigkeiten aufgrund der Winddruckunterschiede und des thermischen Auftriebs verstanden. Mechanische Lüftung bedeutet, daß über ein ventilatorbetriebenes Lüftungssystem gelüftet wird.

Diese Definition ist in der bisherigen Lüftungstechnik sicherlich sinnvoll gewesen. Bezüglich kontrollierter Wohnungslüftung und auch der Niedrigenergiebauweise sollten die Begriffe jedoch etwas anders gefaßt werden. So empfiehlt der Autor, speziell von Fensterlüftung zu reden, wenn durch gezieltes Fensteröffnen gelüftet und die Gebäudehülle nach bester Möglichkeit luftdicht gestaltet wird. Bei einer kontrollierten Lüftung sollen Lüftungssysteme ohne Ventilator und damit ohne elektrischen Stromverbrauch nicht prinzipiell ausgeschlossen werden. Man könnte sich hierbei auch vorstellen, daß über einen Abluftschacht durch thermischen Auftrieb ein Unterdruck erzeugt wird, welcher das Gebäude entlüftet. Problematisch bei solchen Systemen ist jedoch die Übergangszeit, in der sehr wenig thermischer Auftrieb stattfindet, beziehungsweise der Sommer, in dem der thermische Auftrieb sogar ganz zurückgeht und innenliegende Naßräume (falls vorhanden) nicht mehr entlüftet werden können. Des weiteren funktionieren solche Systeme nur bei optimal luftdicht gestalteter Gebäudehülle. Den Widerstand eines Wärmetauschers (siehe auch Abschnitt 3.1.3) zur Wärmerückgewinnung durch thermischen Auftrieb zu überwinden, das ist so gut wie nicht möglich.

Was die Planung von Niedrigenergiehäusern angeht, so sollte man sich damit abfinden, daß eine kontrollierte Lüftung ohne elektrisch betriebene Ventilatoren nicht funktioniert, und sollte den Stromverbrauch der Ventilatoren minimieren.

Bezüglich der Diskussion um kontrollierte Lüftung soll eindringlich davor gewarnt werden, mit der Dichtigkeit der Gebäudehülle nachlässig umzugehen, mit der Be-

gründung, man hätte dann eine quasi kontrollierte Grundlüftung. Ein solcher Luftwechsel ist völlig unkontrolliert und in äußerstem Maße von Witterungseinflüssen
(Wind und Temperaturunterschieden) abhängig. Auch kann durch Undichtigkeiten in
der Gebäudehülle kein Mindestluftwechsel gewährleistet werden, wenn die Randbedingungen wie Windgeschwindigkeit und Temperaturunterschied wechseln. Um
einen Luftaustausch zu bekommen, benötigt man neben einer Undichtigkeit auch
noch einen Druckunterschied, der hier natürlich fehlt. Des weiteren ist auch die Querdurchströmung der Wohnung in der richtigen Richtung nicht gewährleistet. Oft werden unter solchen Voraussetzungen Küchengerüche vom Untergeschoß in die
Schlafräume des Obergeschosses verteilt. Nicht zuletzt soll noch einmal auf die Gefahr von durch Feuchtekonvektion bedingten Schäden im Zusammenhang mit Undichtigkeiten hingewiesen werden.

Bei Mehrfamilienhäusern ohne kontrollierte Lüftung und mit entsprechenden Undichtigkeiten, wie undichten Wohnungseingangstüren, wurde von Kinderärzten auch
schon beobachtet, daß bei Infektionskrankheiten zunächst die Familien der unteren
Wohnungen den Arzt aufsuchen, entsprechend der Ansteckungszeit einige Tage
später die Familien der Wohnungen in den darüberliegenden Stockwerken.

Auch Vorschläge, daß Fenster eine gewisse Dichtigkeit, andererseits auch wieder
gezielte Undichtigkeiten aufweisen sollten, sind nicht praktikabel.

Die einzige Lösung des Lüftungsproblems ist, die Gebäudehülle möglichst dicht zu
gestalten und kontrolliert zu lüften. Dies wurde schon etwa vor zwei Jahrzehnten in
Schweden erkannt, wo die Gesundheitsministerin aus hygienischen Gründen die
kontrollierte Lüftung eingeführt hat und die Energieeinsparung dabei ein willkommener Nebeneffekt ist. In anderen europäischen Ländern hat man diesen Prozeß im
Lauf der Jahre auch durchgemacht. Auch bei uns gibt es immer mehr Kreise, welche die Lösung dieses Problems in der kontrollierten Lüftung sehen.

3.1.2 Abluftanlagen ohne Wärmerückgewinnung

Die einfachste Möglichkeit, kontrolliert zu lüften, ist, in jedem Naßraum einen Abluft-
ventilator möglichst direkt in der Außenwand unterzubringen und durch den ganz
leichten Unterdruck, welcher dadurch in der Wohnung entsteht, die Luft über Nach-
strömöffnungen in den Aufenthaltsräumen nachzuführen.

Dabei strömt die Luft unter den Türen hindurch, wobei Türschlitze von 1 cm Höhe
meist ausreichen. Bei normal gängigen Wohnungstüren spielt dies bezüglich des
Schallschutzes noch keine Rolle. Werden dagegen an den Schallschutz höhere Anforderungen gestellt, so können auch relativ preiswerte schallgedämmte Überström-
öffnungen eingebaut werden.

Die Ventilatoren sind sehr leise, weil sie im Gegensatz zu sonstigen in innenliegenden Naßräumen eingesetzten Lüftern eine wesentlich geringere Luftmenge fördern. Die Luftmenge ist so ausgelegt, daß die verbrauchte Luft ständig ausgetauscht wird.

Eine andere Möglichkeit wäre, mehrere Naßräume über einen gemeinsamen Ventilator zu entlüften, wobei diese Räume über Schalldämpfer an die gemeinsamen Lüftungsleitungen angeschlossen werden müssen.

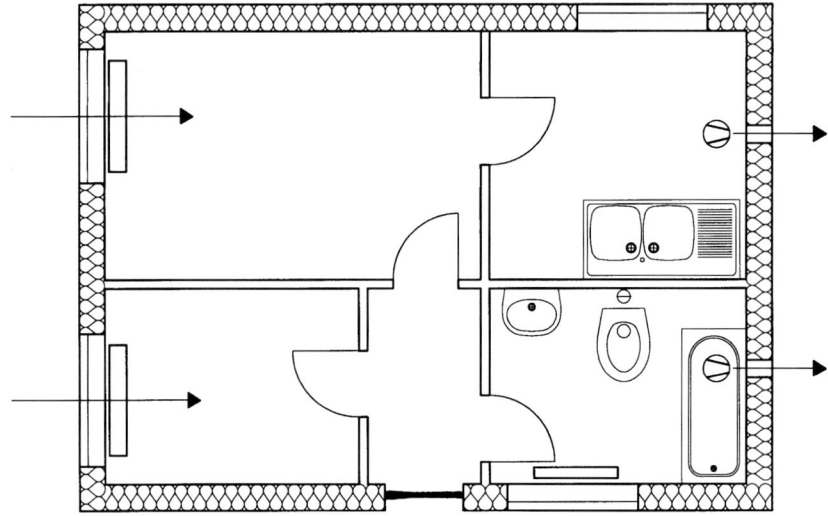

Abb. 28: Prinzipskizze Abluftanlage

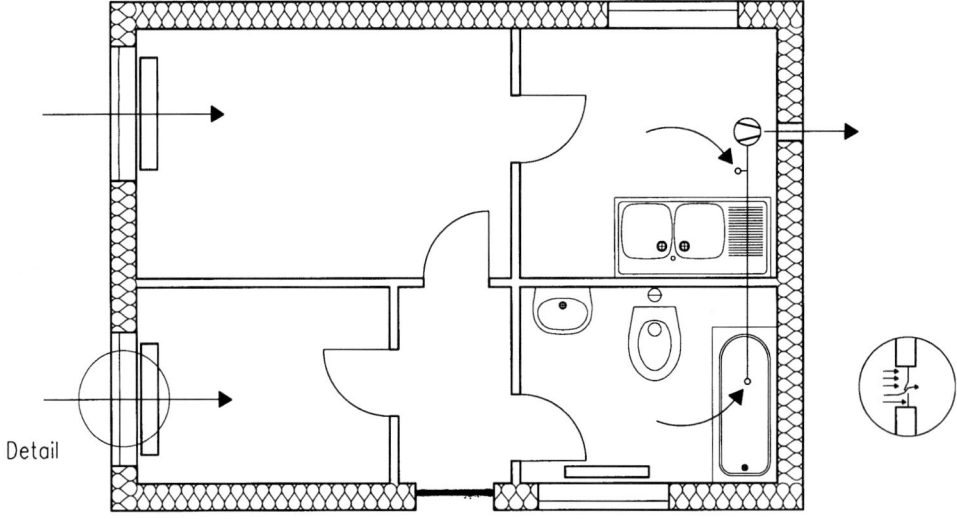

Abb. 29: Zentrale Abluftanlage

Jede dieser Varianten hat ihre Vor- und Nachteile:

- Bei der zentralen Lösung kann die Gesamtluftmenge beispielsweise über einen Regeltransformator sehr genau eingestellt werden.

- Bei zentralen Systemen ist es leichter möglich, die Ventilatoren auszutauschen, sofern welche mit besserem Wirkungsgrad beziehungsweise geringerem Stromverbrauch zur Verfügung stehen. So sind speziell für diesen Einsatzbereich Lüftungen mit Gleichstrommotoren erhältlich, welche sehr viel weniger Strom verbrauchen als gängige Lüfter mit Wechselstrommotoren.

- Bei zentralen Systemen können die Schalldämpfer so bemessen werden, daß man in den Naßräumen überhaupt nichts hört.

- Bei dezentraler Entlüftung sind Kanäle (mit Ausnahme innenliegender Naßräume) entbehrlich, da sich alles an der Gebäudehülle abspielt. Dies ist bei der Altbausanierung von Vorteil oder auch, wenn die Naßräume nicht nahe beieinander liegen.

- Bei dezentralen Systemen ist es eher möglich, zeitweise einzelne Naßräume ganz abzuschalten, was zum Beispiel in Gästeduschen und dergleichen möglich sein sollte, die nur an wenigen Tagen im Jahr benutzt werden.

Unabhängig davon, wie entlüftet wird, müssen bei sogenannten Abluftsystemen zur kontrollierten Lüftung ohne Wärmerückgewinnung folgende Punkte beachtet werden, wenn eine einwandfreie Funktion sowie die zu erwartende Energieeinsparung gewährleistet sein und darüber hinaus die Hilfsenergie in Form von elektrischem Strom in angemessenen Grenzen gehalten werden soll:

- Die elektrische Leistungsaufnahme der Ventilatoren sollte als gemittelte Dauerleistung höchstens 8 W pro Naßraum beziehungsweise 0,2 W/m^3 stündlicher Luftwechselrate betragen.

- Bei den Einzellüftern gibt es bezüglich der Lautstärke große Unterschiede. Es sind Lüfter erhältlich, deren Schallpegel auf der Grundlast beziehungsweise Dauerstufe in den einzelnen Naßräumen kaum wahrgenommen werden und sich bezüglich der Anschaffungskosten von anderen Lüftern kaum unterscheiden.

- Die Zuluftelemente sollten bezüglich ihres Schallschutzes gegen Außenlärm auf den Schallschutz der Fenster abgestimmt sein. Viele auf dem Markt befindliche Zuluftelemente haben einen viel zu schlechten Schallschutz, da besondere schalldämmende Maßnahmen nicht vorgesehen sind.

- Die Zuluftelemente sollten eine Vorrichtung beinhalten, welche bei stärkerem Windanfall den freien Lüftungsquerschnitt vermindert und somit den Frischluftvolumenstrom unabhängig von der Windgeschwindigkeit konstant hält. Nur dadurch ist eine witterungsunabhängige Lüftung gewährleistet.

- Die Luftmengen sollten dem tatsächlichen Bedarf angepaßt sein. Als Entlüftungsleistung im Dauerbetrieb während der Heizperiode genügen bei Bädern und Küchen 40 m³/h, bei WCs 20 m³/h. Dies entspricht auch den Anforderungen von DIN 1946-6 und DIN 18 017 Teil 3. Auf die Aufenthaltsräume bezogen, genügt ein Luftwechsel von etwa 30 m³/h je Person, wobei Anlagen auf die mögliche Personenzahl einer Wohnung ausgelegt werden sollten und ein sinnvoller Teillastbetrieb einstellbar sein muß. Unabhängig davon sollte auf die gesamte Wohnung (Aufenthalts- sowie Naßräume einschließlich Verbindungsräume wie Flure und Treppenhäuser innerhalb der Wohnungen) ein 0,3facher Luftwechsel pro Stunde möglich sein.

- Bei der Regelung von Anlagen zur kontrollierten Lüftung haben sich manuelle Mehrstufenregelungen am besten bewährt. Für die ganze Wohneinheit genügen zwei Stufen, wenn die Luftmengen beider Stufen richtig ausgelegt und abgestimmt sind. Schadstoffabhängige Regelungen sind zumindest im Wohnungsbau fragwürdig, da nicht sichergestellt sein kann, daß auch alle Schadstoffe und die einzelnen Schadstoffe auch in allen Räumen erfaßt werden. Zudem sind schadstoffabhängige Regelungen noch sehr teuer.
Feuchtegesteuerte Regelungen sind deshalb problematisch, weil der Feuchtanfall in den Naßräumen nicht immer dann gegeben ist, wenn in den Aufenthaltsräumen viel frische Luft benötigt wird und umgekehrt auch in einer Wohnung der Frischluftbedarf in ausreichendem Maße gedeckt sein muß, wenn in den Naßräumen keine Feuchte anfällt. Bei zweistufigen Regelungen (starke Stufe entsprechend den oben angeführten Kriterien sowie reduzierter Stufe mit etwa 60 % dieser Luftleistung) wird die anfallende Feuchte genügend schnell und in ausreichendem Maß aus den Naßräumen abgeführt.
Feuchtegesteuerte Lüfter, welche auf einen festen Sollwert bezüglich der Raumluftfeuchte oder des Abluftvolumenstroms eingestellt sind, sind nicht zweckmäßig. Je nach den Schwachstellen (Wärmebrücken) der Gebäudehülle können verschiedene Sollwerte erforderlich sein. So verträgt eine Konstruktion mit monolithischem Mauerwerk und Deckenstirndämmung eine nicht so hohe Luftfeuchte wie eine Konstruktion mit lückenloser Außendämmung. Ferner müßte der Sollwert witterungsabhängig verändert werden (ähnlich wie bei einer witterungsgesteuerten Heizungsregelung), da eben bei relativ kalten Außentemperaturen nur eine geringere Luftfeuchte zulässig ist und bei wärmeren Außentemperaturen eine höhere Raumluftfeuchte toleriert werden kann. Wird der Sollwert dagegen so ausgewählt, daß die Lüftung bei kalten Außentemperaturen zufriedenstellend arbeitet, so wird bei demselben Sollwert bei wärmeren Außentemperaturen in der Übergangszeit viel zuviel gelüftet. Somit entstehen unnötig hohe Lüftungswärmeverluste und ein unnötig hoher Stromverbrauch der Lüfter. Eine durch die Feuchtesteuerung bedingte Einsparung tritt nur dann ein, wenn eine Lüftungsanlage von vornherein mit übermäßig hohen Luftmengen betrieben wird.

Tabelle 7: Temperatur- und Feuchteverhältnisse bei monolithischem Mauerwerk mit Deckenstirndämmung (Fall A) und vollflächiger Außendämmung (Fall B) in einem Badezimmer unter Berücksichtigung einer Nachtabsenkung

Außentemperatur	Oberflächentemperatur in der Ecke	maximal zulässige Luftfeuchte bezogen auf 24°C Raumlufttemperatur
Fall A:		
– 10 °C	9 °C	38 %
0 °C	12 °C	47 %
10 °C	16 °C	61 %
Fall B:		
– 10 °C	14 °C	54 %
0 °C	16 °C	61 %
10 °C	18 °C	69 %

- Die Dichtigkeit der Gebäudehülle ist bei Abluftanlagen nicht nur bezüglich der Energieeinsparung, sondern auch für eine einwandfreie Funktion nötig. Wenn zum Beispiel die Wohnungseingangstür undicht ist, so wird von dort ein großer Teil der Luft angesaugt, welcher dann für die Belüftung der Aufenthaltsräume nicht mehr zur Verfügung steht. So kann die Funktion eines solchen Lüftungssystems durch Undichtigkeiten gefährdet sein.

- Bei Abluftanlagen ist es auch nicht möglich, über längere Zeiten Fenster zu öffnen, ohne die Funktion des Systems zu beeinträchtigen. Wenn zum Beispiel trotz kontrollierter Öffnung das Schlafzimmerfenster nachts gekippt wird, braucht man sich nicht zu wundern, wenn morgens im Kinderzimmer, in dem die Fenster geschlossen waren, schlechte Luft vorhanden ist. Ein in Einzelfällen kurzzeitiges Öffnen stört dagegen die Funktion der Anlage nur während dieser kurzen Zeit und ist bezüglich der zusätzlichen Energieverluste vernachlässigbar. Es ist also durchaus erlaubt, ein Fenster zum Beispiel zwei Minuten lang zu öffnen, um jemandem etwas zuzurufen oder die Tür zu öffnen, um vom Briefträger die Post entgegenzunehmen.

- Offene Verbrennungsstellen sind in Verbindung mit Abluftanlagen nicht möglich, da diese immer eine nicht zu akzeptierende Undichtigkeit darstellen und die Gefahr besteht, daß Abgase in den Wohnbereich abgesaugt werden. Nicht zu vernachlässigen ist auch der enorme Frischluftbedarf, welcher für solche Feuerstellen benötigt wird.

- Abluftanlagen funktionieren nur dann, wenn die Höhendifferenz zwischen dem obersten und dem untersten Zuluftelement einer in sich dicht abgeschlossenen Wohneinheit nicht mehr als 2 m beträgt. Bei zweigeschossigen Wohnungen stellt dies kein Problem dar, jedoch zum Beispiel beim drei- bis viergeschossigen Reihenhaus. Hier wirken sich die Kräfte des thermischen Auftriebs dergestalt aus, daß über die unteren Zuluftelemente wesentlich mehr Luft angesaugt wird, indem sich die Ansaugkräfte der kontrollierten Lüftung und des thermischen Auftriebs addieren. Bei den obersten Zuluftelementen wirkt der leichte Unterdruck, der durch die kontrollierte Lüftung erzeugt wird, dem Bestreben des thermischen Auftriebs, Luft nach außen zu drücken, entgegen. Erfahrungsgemäß tut sich an diesen obersten Lüftungsöffnungen dann gar nichts mehr. Im Geschoßwohnungsbau, wo dichte Wohnungseingangstüren vorhanden sind, funktionieren Abluftanlagen auch bei mehrgeschossigen Gebäuden.

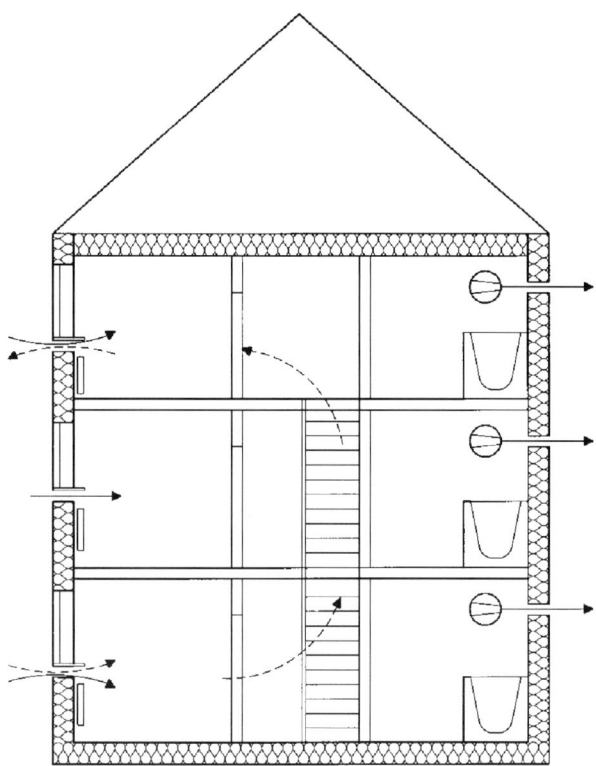

Abb. 30: Beeinflussung einer Abluftanlage durch thermischen Auftrieb in mehrgeschossigen Wohneinheiten

Abluftanlagen sind ab 2 000,– DM für eine Wohnung und ab 3 000,– DM für ein Einfamilienhaus (ca. 150 m² Wohnfläche) erhältlich. Wenn innenliegende Naßräume ohnehin mechanisch entlüftet werden müssen, so betragen die Mehrkosten für eine Abluftanlage pro Wohneinheit nur noch etwa 1 000,– DM.

3.1.3 Kontrollierte Lüftung mit Wärmerückgewinnung

Durch den Einsatz eines Wärmetauschers können etwa zwei Drittel der Wärme, welche über die kontrollierte Lüftung abgeführt wird, zurückgewonnen werden. Der Grundluftwechsel aufgrund unvermeidbarer Undichtigkeiten wird dadurch jedoch nicht berührt und bleibt als Sockelbetrag für die Lüftungswärmeverluste erhalten.

Wenn die Luftmengen nach den Angaben des vorherigen Abschnitts eingestellt worden sind, kann man davon ausgehen, daß Systeme mit Wärmerückgewinnung gegenüber einfachen Abluftanlagen ohne Wärmerückgewinnung etwa 15 kWh/m² a an Heizwärme einsparen. Bei bezüglich des Stromverbrauchs optimierten Anlagen mit Wechselstromventilatoren wird jedoch etwa die Hälfte dieser eingesparten Endenergie im Kraftwerk als Primärenergie mehr verbraucht, im Gegensatz zu reinen Abluftanlagen. Ob ein Gebäude 50 oder 65 kWh/m² a an Heizenergieverbrauch aufweist, macht keinen allzu großen Unterschied, zumal man den zusätzlichen Stromverbrauch berücksichtigen muß.

Ein Niedrigenergiehaus muß also nicht zwangsläufig mit einer Lüftungswärmerückgewinnung ausgestattet sein, eine einfache Abluftanlage ist jedoch unerläßlich.

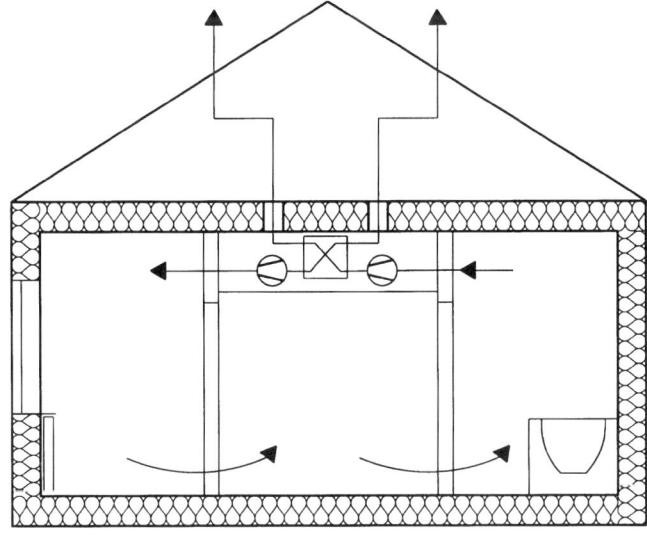

Abb. 31: Prinzipskizze kontrollierte Lüftung mit Wärmerückgewinnung

Ferner zeigen auch die Zahlen, daß mit Ausnahme für den Betrieb der Ventilatoren an keiner anderen Stelle Strom eingesetzt werden darf, da sich ansonsten die Energiebilanz sogar ins Negative kehrt.

Im einzelnen muß bei der kontrollierten Lüftung mit Wärmerückgewinnung folgendes beachtet werden:

- Die Luftmengen sind entsprechend den bisher genannten Vorgaben einzuhalten. Dabei sollte für beide Ventilatoren zusammen die elektrische Leistungsaufnahme höchstens 0,4 W/m^3 betragen.

- Es sollte gewährleistet sein, daß in beiden Richtungen dieselbe Luftmenge über den Wärmetauscher geleitet wird. Wenn eine Differenz vorhanden ist, so bedeutet dies, daß die Luftmenge an anderer Stelle die Gebäudehülle durchdringt und somit den Wärmetauscher umgeht. Auf keinen Fall sollte mehr Luft in das Gebäude eingebracht als daraus abgesaugt werden, da sich sonst ein Überdruck bildet, welcher zu Schäden durch Feuchtekonvektion führen kann.

- Auf der Fortluftseite wird die Raumluft im Wärmetauscher entsprechend abgekühlt. Wenn beispielsweise Luft aus den Räumen mit 20 °C Raumtemperatur und 50 % relativer Feuchte auf knapp 10 °C abgekühlt wird, so kondensiert der darin enthaltene Wasserdampf aus. Deshalb haben solche Wärmetauscher einen Kondensatabfluß. Bei sehr tiefen Außentemperaturen und hohem Wärmerückgewinnungsgrad kann diese Luft sogar auf 0 °C oder darunter abgekühlt werden und zur Vereisung des Wärmetauschers führen. Um dem entgegenzuwirken, werden verschiedene Maßnahmen des Frostschutzes praktiziert, welche bei genauer Betrachtung nicht immer sinnvoll sind:

  - Oft wird die Frischluft vor dem Wärmetauscher sogar elektrisch vorgewärmt. Zum einen ist hierfür der Stromverbrauch nicht zu vertreten und verschlechtert die Gesamtenergiebilanz. Zum anderen wird die an dieser Stelle hineingesteckte Energie über den Wärmetauscher sozusagen rückwärts über die Fortluft nach außen geführt, so daß sich die Rückwärmzahl stark verschlechtert.

  - Eine andere Möglichkeit ist, den Zuluftventilator mit einem im Fortluftstrom befindlichen Thermostaten zu steuern, so daß dieser bei einer gewissen Temperaturunterschreitung abschaltet. Hier muß man jedoch sehen, daß, gerade wenn es kalt ist, die Wärmerückgewinnung umgangen wird. Vor dem Abschalten des Zuluftventilators muß auch deshalb gewarnt werden, weil dann eine Anlage mit Wärmerückgewinnung zur Abluftanlage wird und aus eventuell vorhandenen offenen Brennstellen Abgase ansaugen kann. Auch aus hygienischen Gründen sollte eine solche Lösung abgelehnt werden, da dann im Gegensatz zu einer Abluftanlage mit kontrolliert angeordneten Zuluftelementen keine gleichmäßige Zuluftverteilung gegeben ist. Die Luft wird dann dort angesaugt, wo die größten Undichtigkeiten bestehen. Die stärksten Bedenken gelten hier den Schlafräumen, welche oft sehr wenig Undichtigkeiten aufweisen, so daß die Frischluft eher aus dem Wohnbereich mit gegebenenfalls einer offenen Brennstelle oder einem offenen Kellerabgang sowie Undichtigkeiten am Hauseingang und dergleichen angesaugt wird. Gerade nachts ist die Gefahr am größten, daß der Zuluftventilator abschaltet.

– Auch eine Umgehung des Wärmetauschers (Bypass) wäre aus den Gründen der gerade an kalten Tagen fehlenden Wärmrückgewinnung abzulehnen.

– Bei Wärmetauschern mit einem Wärmerückgewinnungsgrad von gut 60 % sind bezüglich einer Vereisung keine Probleme zu erwarten, da die Fortluft praktisch nicht unter den Gefrierpunkt abgekühlt wird.

– Generell sollte ein Wärmetauscher stehend eingebaut werden, so daß das Kondensat sehr schnell abfließen kann, und es sollten solche Modelle gewählt werden, welche bei eventuell partiellem Vereisen nicht zerstört werden. Aluminiumplattenwärmetauscher zum Beispiel können sich schlimmstenfalls etwas verformen, während brüchige Werkstoffe wie Glas oder manche Kunststoffe eventuell etwas schneller Schaden nehmen.

Die Erfahrung hat gezeigt, daß durch Berücksichtigung dieser Ratschläge auch Rückwärmzahlen von bis zu 75 % ohne weitere Frostschutzmaßnahmen möglich sind. Die diesbezüglichen Zusammenhänge sind jedoch noch nicht genau erforscht. Ziel solcher Forschungsarbeiten sollte sein, möglichst hohe Rückwärmzahlen (gewünscht werden 80 bis 90 %) ohne zusätzliche Frostschutzmaßnahmen zu erreichen. Dabei spielt es sicherlich auch eine Rolle, wie die genaue Temperaturverteilung eines Plattenwärmetauschers verläuft. Es soll jedoch nochmals ausdrücklich betont werden, daß der Wärmerückgewinnungsgrad nur soweit verbessert werden sollte, wie es ohne die bereits beschriebenen nachteiligen Frostschutzmaßnahmen möglich ist, da durch diese Frostschutzmaßnahmen bezüglich der Gesamtenergiebilanz ein höherer Nachteil als durch Verbesserung des Wärmerückgewinnungsgrades entstehen würde.

– Die passive Vorwärmung der Frischluft wäre eine Frostschutzmaßnahme, welche bezüglich der Energiebilanz sogar positiv abschneiden und den Wärmetauscher nicht außer Betrieb nehmen würde. Hier ist daran zu denken, die Zuluftrohre durch das Erdreich zu verlegen. Problematisch hierbei ist, daß die in der sommerlichen Außenluft enthaltene Feuchte im Erdreich auskondensieren kann. Wenn nämlich sommerliche Außenluft von 25 bis 30 °C Lufttemperatur und einer relativen Luftfeuchte von 65 % auf etwa 20 °C abgekühlt wird, so ist die Taupunkttemperatur erreicht, und es kommt zur Wasserdampfkondensation. Deshalb muß sichergestellt sein, daß ein solcher Erdwärmetauscher umgangen und dicht verschlossen wird, wenn beispielsweise die Außenlufttemperatur wärmer ist als die des Erdreichs. Vor den Erdreichwärmetauscher sollte ein sehr hochwertiger Filter eingebaut werden. Damit dadurch kein zu hoher Druckabfall entsteht, muß dessen Querschnittsfläche relativ groß ausgelegt werden. Eine andere Möglichkeit der passiven Vorwärmung wäre, die Frischluftrohre möglichst ohne Dämmung durch Untergeschoßräume, am besten sogar durch den Heizraum zu legen. Es muß jedoch auch hier darauf geachtet werden, daß es innerhalb der Rohrleitung zu keiner Kondensation kommt, was im Sommer der Fall sein könnte, wenn diese Rohre durch kalte Kellerräume geführt werden. Problematisch kann jedoch dann die Kondensation an der Außenoberfläche der Rohrleitungen werden, wenn sich feuchtwarme Raumluft an den kalten Kanälen auskondensiert.

- Eine elektrische Kleinwärmepumpe anstelle des Wärmetauschers oder zusätzlich zu einem passiven Wärmetauscher erhöht sowohl die Energiekosten als auch den Primärenergieaufwand und die Umweltbelastung. So kostet zum Beispiel die Kilowattstunde Strom momentan etwa 25 Pfennig, während die Kilowattstunde Wärme aus Heizöl für etwa 5 Pfennig zu haben ist. Die Kleinwärmepumpe müßte also eine durchschnittliche Leistungsziffer (Verhältnis nutzbarer Wärmeleistung zur Antriebsleistung) von 5 aufweisen, wenn bezüglich der Energiekosten Kostengleichheit erreicht werden wollte. Dabei sind jedoch die höheren Anschaffungskosten noch nicht berücksichtigt. Man kann davon ausgehen, daß solche Kleinwärmepumpen, wenn sie dem Wärmetauscher nachgeschaltet sind, Leistungsziffern von durchschnittlich 2 1/2 erreichen. Wenn sie anstelle des Wärmetauschers eingesetzt werden, liegen die Leistungsziffern zwar um ca. 50 % besser, jedoch ist man noch weit entfernt von der bereits erwähnten Kostengleichheit. Ferner verschenkt man den bezüglich des Energieeinsatzes unentgeltlich erhältlichen Wärmerückgewinnungseffekt des Wärmetauschers.

- Der Wärmetauscher sollte an der Grenze zwischen warmen und kalten Räumen untergebracht werden, entweder gerade noch im warmen Bereich oder innerhalb des kalten Bereichs in einem zusätzlich gedämmten Gehäuse. Die Frisch- und Fortluftleitungen zwischen Außenluft und dem Wärmetauscher beziehungsweise umgekehrt müssen im kalten Bereich verlegt werden, die Zu- und Abluftleitungen zwischen den einzelnen Räumen und dem Wärmetauscher im warmen Bereich. Wird dagegen verstoßen, so kann trotz relativ guter Dämmung der Kanäle ein großer Teil des Wärmetauschereffektes wieder zunichte gemacht werden. Wird die Frischluft nach dem Wärmetauscher nachgeheizt, so würden im kalten Bereich trotz Dämmung so hohe Wärmeverluste entstehen, daß die Energiebilanz sogar deutlich ungünstiger ausfiele, als wenn man eine einfache Abluftanlage ohne Wärmerückgewinnung betreiben würde. Im richtigen Bereich verlegt, erspart man sich sogar die Kosten für die Wärmedämmung der Kanäle. Ferner wird die Zuluft innerhalb der gedämmten Gebäudehülle vorgewärmt, so daß sie deutlich wärmer in den Raum eingebracht wird als sie den Wärmetauscher verläßt.

- Eine Nachheizung der Zuluft sollte bei der kontrollierten Wohnungslüftung generell abgelehnt werden. Vor allem ist dies bei richtiger Planung nicht nötig. Zugerscheinungen gibt es höchstens dann, wenn die Luftwechselrate wesentlich stärker als nötig ausgelegt und die Zuluftkanäle trotz Dämmung zum Beispiel im kalten Dachraum Wärme verloren haben. Eine Nachheizung hätte sogar in zweierlei Hinsicht Nachteile. Zum einen wird auch Räumen Wärme zugeführt, welche nur belüftet und nicht beheizt werden sollen (beispielsweise Schlafräume). Zum anderen ist nicht sichergestellt, daß in Räumen, in welchen interne oder externe Wärmequellen den Wärmebedarf bereits decken, die Wärmezufuhr unterbunden wird. Oft wird Wärme in einzelnen Räumen benötigt, in anderen jedoch schon nicht mehr. Auch dies wäre nicht getrennt einstellbar. Es kann nur dazu geraten werden, aus diesen Gründen Heizung und Lüftung vollständig voneinander zu trennen. Dann ist auch erfahrungsgemäß die Akzeptanz der Bewohner am größten. Systeme, bei denen sogar von einer Teilheizung geredet wird, weil die Zuluft bis auf 50 °C oder zum Teil noch mehr erwärmt wird, weisen noch höhere Verluste auf, wenn die Kanäle im falschen Bereich verlegt sind. Des weiteren muß man sich im klaren sein, daß man nur eine auf Teilheizung beschränkte Heizleistung erhält, welche noch geringer wird, wenn bei weniger dicht bewohnten Wohnungen die Luftwechselrate reduziert wird. Da man hier genauso auf ein weiteres Heizungssystem angewiesen ist, entstehen bezüglich der Investitionen gegenüber einfachen Lösungen mit getrennter Wärme- und Frischluftversorgung sogar Mehrkosten.

- Die Küchenabzugshaube an eine kontrollierte Lüftung anzuschließen funktioniert nicht zufriedenstellend, da die Küche mit höchstens 50 m³/h entlüftet wird, während 200 bis 300 m³/h nötig sind, um Fettschwaden aufzufangen. Die gesamte Anlage während des Kochvorgangs hoch zu schalten würde bedeuten, daß im Normalbetrieb die Ventilatoren in einem Bereich mit stark verschlechtertem Wirkungsgrad arbeiten. Wäre ein zusätzlicher Ventilator innerhalb der Abzugshaube in Betrieb, so würde dieser die Küchenabluft in die anderen Naßräume hineindrücken. Rückschlagklappen sind hier zwar möglich, stellen jedoch einen relativ hohen Dauerwiderstand dar, welcher zu erhöhten Stromkosten und erhöhtem Primärenergieeinsatz führen würde. Am besten bewährt haben sich hier Umlufthauben, welche mit der notwendigen Luftmenge zur Fettfilterung eingesetzt werden, und zwar getrennt von einer kontrollierten Lüftung mit Wärmerückgewinnung, welche an einer anderen Stelle die Küche entlüftet. Dabei ist die Umlufthaube nicht so schlecht wie ihr Ruf, da, durch die kontrollierte Luftführung bedingt, Luft aus dem Aufenthaltsbereich in die Küche geführt wird und keine Gerüche in den Wohnbereich gelangen können.

- Ventilatoren sind im Abluft- beziehungsweise Zuluftkanal, also auf der warmen Seite des Wärmetauschers anzuordnen. Dadurch wird die Abwärme des Zuluftventilators voll genutzt und die Wärme des Abluftventilators entsprechend dem Wärmerückgewinnungsgrad des Wärmetauschers zurückgewonnen.

- Bei richtiger Planung werden Schalldämpfer eingesetzt, so daß weder zwischen den Räumen eine Schallübertragung stattfindet noch die Ventilatoren in den Aufenthaltsräumen hörbar sind. Dies erfordert jedoch genaue Schallschutzberechnungen im Rahmen einer detaillierten Planung.

- Die Funktion einer kontrollierten Lüftung mit Wärmerückgewinnung ist, bedingt durch den Zuluftventilator, durch Undichtigkeiten und Auftriebskräfte nicht beeinträchtigt. Undichtigkeiten erhöhen jedoch den Gesamtlüftungswärmebedarf. Um die gewünschte Energieeinsparung zu erzielen, ist eine dichte Gebäudehülle mindestens genauso wichtig wie bei Abluftanlagen.

- Offene Verbrennungsstellen sind prinzipiell möglich. Dies ändert jedoch nichts daran, daß gerade feststoffbefeuerte Einzelöfen die Hauptemittenten in den Wohngebieten darstellen und sehr viel Verbrennungsluft benötigen.

Anlagen zur kontrollierten Wohnungslüftung mit Wärmerückgewinnung sind für ein kleines Einfamilienhaus ab 6 000,– DM erhältlich, wenn die Anlagen ingenieurmäßig geplant und die einzelnen Komponenten aus den Programmen des lüftungstechnischen Großhandels bezogen werden. Dort sind alle Einzelteile vor Ort relativ preiswert erhältlich, und es können normale Wickelfalzrohre oder auch formbeständige Aluflexrohre eingesetzt werden. Mit den oft in Bausätzen vorhandenen vorkomprimierten Rohren, bei denen sich 10 m Rohrlänge auf etwa 1 m zusammendrücken lassen, wurden zum Teil schon schlechte Erfahrungen gemacht, beispielsweise, daß die Rohre nicht sauber gestreckt wurden und besonders auch im Bereich von Bögen sehr scharfe Kanten innerhalb des Rohres entstanden sind, welche zu einem höheren Strömungswiderstand und somit zu höheren Stromkosten sowie zu Strömungsgeräuschen geführt haben.

3.2 Wärmeerzeugung

Wie das Emissionsdiagramm, Abbildung 32, zeigt, unterscheiden sich die einzelnen Brennstoffe beziehungsweise Energieträger sehr stark, was den Primärenergieverbrauch und die Umweltbelastung angeht. Bei der Elektroheizung wurde der Atomstrom entsprechend den offiziellen Darstellungen (Quelle: BUND, Hrsg.: Umweltfreundliches Bauen, 7. Auflage 1990) als emissionsfrei betrachtet, was jedoch nicht den Tatsachen entspricht, und bei der Darstellung der Emissionen einer Elektroheizung zur Verharmlosung führt. Kohlekraftwerke wurden als entstickt und entschwefelt eingerechnet.

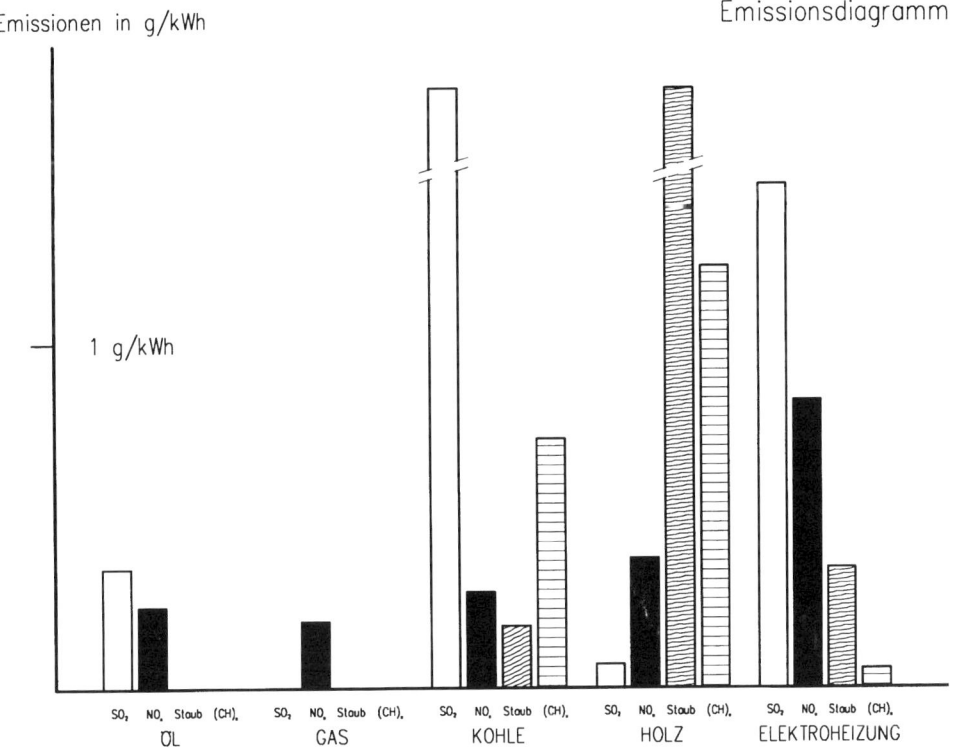

Abb. 32: Emissionsdiagramm: Darstellung der Emissionen verschiedener Energieträger bei durchschnittlichem Gebrauch

3.2.1 Elektroheizung

Die Elektroheizung belastet die Umwelt überaus stark, auch wenn die Emissionen nicht vor Ort, sondern im Kraftwerk beziehungsweise auch bei der Herstellung der Brennstoffe entstehen. Bei den in Abbildung 32 dargestellten Zahlenwerten wurde die Atomenergie als emissionsfrei dargestellt, wie es den offiziellen Darstellungen entspricht. Hierbei nicht berücksichtigt sind die Emissionen, welche mittels Einsatz konventioneller Energieträger bei der Brennstoffherstellung (zum Beispiel bei der energieintensiven Urananreicherung), beim Kraftwerksbau und bei der Entsorgung entstehen. Nicht beachtet werden hierbei auch atomare Belastungen und Gefahren.

Insbesondere soll hier die Freisetzung des radioaktiven Edelgases »Krypton 85« erwähnt werden, welches (zumindest indirekt) zum Treibhauseffekt beiträgt, als daß es den Ablauf der anderen klimarelevanten Prozesse begünstigt und beschleunigt.

In Wärmekraftwerken (Kohle-, Öl-, Gas- und Atomkraftwerken) werden auf die eingesetzte Primärenergie bezogen etwa ein Drittel Strom erzeugt. Der Rest belastet als Abwärme die Umwelt und trägt zusätzlich zur generellen Umweltbelastung sowohl direkt als auch indirekt zum Treibhauseffekt bei. Auch der Wasserdampf, welcher durch die Kühltürme produziert wird, ist klimarelevant.

Ferner wurde in den dargestellten Zahlen vorausgesetzt, daß sämtliche Kohlekraftwerke entstickt und entschwefelt sind.

In Anbetracht dieser hier dargestellten Fakten ist es widersinnig, in einem Niedrigenergiehaus, welches zur Entlastung der Umwelt weniger Energie verbrauchen soll, elektrisch zu heizen.

Eine Nachtspeicherheizung ist besonders mit Einzelgeräten regelungstechnisch nicht in den Griff zu bekommen. Selbst bei normalen Gebäuden gibt es Probleme, wenn entsprechend der Nachttemperatur aufgeladen wird und tagsüber bei geringerem Wärmebedarf unnötig viel Wärme an die Räume abgegeben wird oder tagsüber ein höherer Wärmebedarf mit Tagstrom nachgeheizt werden muß. Da beim Niedrigenergiehaus Sonneneinstrahlung und vor allem interne Wärmequellen besonders in der Übergangszeit eine viel stärkere Rolle spielen als in anderen Gebäuden, führen diese Effekte dazu, daß hier eine Nachtspeicherheizung völlig unbrauchbar ist.

Die Kilowattstunde Nachtstrom ist in der Regel auch deutlich teurer als eine Kilowattstunde aus Öl oder Gas. Hinzu kommt, daß eine Öl- oder Gasheizung wesentlich gezielter den Brennstoff einsetzen kann und durch die mangelnde Regelungsfähigkeit die Nachtspeicherheizung selbst mit Zentralspeichern zu einem höheren Heizenergieverbrauch führt.

Aus Gründen der besseren Regelungsfähigkeit wird in elektrisch beheizten Niedrigenergiehäusern eher auf die Heizung mit Tagstrom zurückgegriffen. Diese kann zwar relativ gut dosiert eingesetzt werden, kostet jedoch pro Kilowattstunde Nutzenergie das drei- bis fünffache im Vergleich zu Öl- oder Gasheizungen.

Oft wird angeführt, daß eine Elektrodirektheizung aufgrund der niedrigeren Anschaffungskosten die wirtschaftlichste Lösung darstellt. Selbst über längere Zeiträume trifft das jedoch nur auf Einfamilienhäuser zu, wenn für das Lüftungssystem eine ohnehin vorhandene elektrisch betriebene Kleinwärmepumpe zugrunde gelegt wird, so daß über das Heizsystem nur sehr wenig Restenergie bereitgestellt werden muß. Bei Mehrfamilienhäusern und größeren Gebäuden spielen die Anschaffungskosten immer eine kleinere Rolle.

Was die Strompreise anbetrifft, so muß klar gesehen werden, daß Heizstrom (sowohl Tag- als auch Nachtstrom) kein Grundlaststrom ist, da gerade bei besser gedämmten Gebäuden beziehungsweise Niedrigenergiehäusern oft mehr als die Hälfte der Heizenergie während ein bis zwei Monaten verbraucht wird. Somit handelt es sich hier um mittel- beziehungsweise sogar teuren Spitzenlaststrom. Je mehr Häuser elektrisch beheizt werden, um so weniger kann es sich ein Energieversorgungsunternehmen erlauben, diesen Strom zu durchschnittlichen Strompreisen zu verkaufen, es sei denn, die durchschnittlichen Strompreise werden entsprechend angehoben. Insofern muß bei Elektroheizungen mit einer höheren Energiepreissteigerung gerechnet werden als bei anderen Energieträgern.

3.2.2 Feste Brennstoffe

Bei Kohle im Hausbrand lassen sich die Emissionen kaum reduzieren. Dies ist nur bei größeren Anlagen mittels Rauchgasbehandlung möglich. Auch ist bei Kohle der CO_2-Ausstoß auf die Nutzenergie bezogen am höchsten.

Holz dagegen verbrennt CO_2-neutral, während es im Wald bei der Verrottung das klimarelevante Methan (CH_4) freisetzen würde. Holz sollte jedoch nicht in konventionellen Kesseln oder Einzelöfen verbrannt werden, da dann die Staub- und vor allem die Kohlenwasserstoffbelastung besonders hoch ist.

Sogenannte Holzvergaserkessel mit Nachverbrennung können die sonst sichtbaren und mit typischem Holzfeuergeruch den Schornstein verlassenden Abgase weitestgehend nachverbrennen. Auf keinen Fall sollte jedoch die Luftzufuhr gedrosselt werden, da dann die Verbrennung wieder unvollständig werden kann. Deshalb sind bei Anlagen in kleineren und mittleren Wohnhäusern Pufferspeicher unumgänglich, so daß der Holzvergaserkessel mit optimaler Verbrennung auf Vollast betrieben und die überschüssige Wärme im Pufferspeicher aufgenommen werden kann. Um die Investitionskosten in Grenzen zu halten, sollte im Niedrigenergiehaus beim Vorhandensein einer solchen Anlage ausschließlich mit Holz geheizt werden, so daß man sich die Zusatzkosten für eine Öl- beziehungsweise Gasheizung einschließlich weiterem Schornsteinzug und Tank- beziehungsweise Gasanschluß sparen kann.

Auch der vielgepriesene Grundofen führt durch den schlechten Wirkungsgrad zu einer sehr starken Umweltbelastung. Zunächst werden hier während einer zwei- bis dreistündigen Feuerung die Steine erwärmt, welche die Wärme speichern und während des ganzen Tages an den Raum abgeben. Was auch oft nicht beachtet wird, ist, daß die Abgabe der gespeicherten Wärme nicht nur zum Raum hin, sondern die ganze Zeit über auch über den Abgasweg stattfindet.

Bezüglich der Regelungsfähigkeit schneiden solche trägen Einzelöfen nicht viel besser ab als Elektronachtspeicherheizungen. Unter Berücksichtigung dieser Umstände beträgt der Gesamtnutzungsgrad solcher Grundöfen sogar deutlich weniger als 50 %. Hinzu kommt noch eine ständige Auskühlung des Aufstellraumes während der Zeiten, in denen der Ofen nicht in Betrieb ist, weil Einzelöfen ständig Undichtigkeiten darstellen. Der Schornsteinfeger wird weder erlauben, den Abgasweg noch die Frischluftversorgung von Öfen dicht zu verschließen. Erlaubt werden nur Verjüngungen. Raumluftunabhängig betriebene Öfen kühlen den Aufstellungsraum durch den Kaltluftdurchsatz zwischen Frischluft- und Abgasweg ständig aus.

Ein Holzofen paßt also nicht ins Niedrigenergiehaus, auch nicht für den Notfall. Bei einem technischen Defekt der Heizungsanlage kommt man im Niedrigenergiehaus mit einem ausnahmsweise eingesetzten Heizlüfter sehr weit. Auch vor einer eventuellen Energiekrise ist man durch einen Holzofen nicht sicher. Zum einen geht der Autor davon aus, daß es in absehbarer Zeit kaum vorkommen wird, daß man weder Öl noch Gas erhält. Vielmehr werden in einem solchen Fall die Preise kräftig ansteigen. Dies ist jedoch am ehesten im Niedrigenergiehaus zu ertragen.

Selbst wenn es einmal weder Öl noch Gas geben würde, so würden die Preise für Kohle stark ansteigen, und durch den vermehrten Kohleeinsatz würde die Umwelt äußerst stark belastet werden. Weil in diesem Fall jeder mit Holz heizen wollte, stände nicht genug Holz zur Verfügung.

Auf den gesamten Heizenergieverbrauch bezogen, könnte man mit Holz allerhöchstens 1 bis 2 % abdecken. Spart man jedoch die Kosten für einen zusätzlichen Einzelofen, so kann man damit bereits mehr als die Zusatzkosten für Niedrigenergiebauweise finanzieren.

3.2.3 Ölheizung

Moderne Ölheizungen zählen mit zu den umweltfreundlichsten und kostengünstigsten Möglichkeiten, ein Niedrigenergiehaus zu beheizen. Bezüglich der Umweltbelastung wird der Unterschied zwischen Öl- und Gasheizungen von der Gas- und Elektroseite her künstlich hochgespielt. Den etwas höheren CO_2-Emissionen einer

Ölheizung steht die Methanfreisetzung von Erdgas bei der Gewinnung, dem Transport, der Verteilung sowie den einzelnen Verbrauchsstellen durch Entweichen von nicht verbranntem Gas gegenüber.

Leistungsgebundene Energieträger werden von seiten der öffentlichen Hand auch deshalb propagiert, weil die Kommunen für jede Kilowattstunde Energie, die durch das unter den öffentlichen Straßen und Wegen verlegte Leitungsnetz transportiert wird, eine Konzessionsabgabe bekommen. Beim Verkauf von nicht leitungsgebundenen Energieträgern hat die Kommune dagegen keine finanziellen Vorteile.

Bei ölbefeuerten Niedertemperaturkesseln gibt es keine allzu großen Unterschiede, was den Energieverbrauch angeht. Die Emissionen der einzelnen Kessel-Brenner-kombinationen unterscheiden sich kaum. So liegen die Anforderungen des Umweltengels bei 120 mg Stickoxid (NO_x) pro Kilowattstunde. Die besten Kessel-Brenner-kombinationen erreichen heute Werte von 60 bis 80 mg/kWh. Zum Vergleich: Ältere Heizkessel haben 300 bis 500 mg/kWh emittiert.

Auch die Frage der Überdimensionierung von Heizkesseln wird in bezug auf die heutigen Kessel oft stark überbewertet. Wenn es sich um einen sonst baugleichen Heizkessel handelt, so verfügt er über dieselben Anschlußflansche, Abgasanschlüsse, Brennerflansche und dergleichen. Wo er sich unterscheidet, ist in der Größe des gut gedämmten Kesselkörpers. Sofern in Verbindung mit der Überdimensionierung nicht eine ganz andere Kesselkonstruktion (zum Beispiel »Mittelkessel« statt »Kleinkessel«) gewählt wird, ändert sich am Jahresnutzungsgrad innerhalb gewisser Grenzen nur sehr wenig. So kann die Frage, ob in einem Niedrigenergie-Einfamilienhaus mit 8 kW Wärmebedarf ein 18 kW-Kessel eingebaut werden kann, positiv beantwortet werden. Da die Verluste des Kessels hauptsächlich an den Anschlüssen und nicht am gut gedämmten Kesselkörper auftreten, hätte ein Heizkessel mit beispielsweise lediglich 10 kW Heizleistung nur ganz geringfügig weniger Abstrahlverluste. Auch die Laufzeit des Heizkessels und die Ein- und Ausschaltvorgänge ändern sich wenig. Durch die größere Leistung schaltet zwar der Brenner schneller wieder ab, jedoch nicht öfter ein. Größere Kessel haben auch größere Wasserinhalte, was diesem Effekt sogar entgegenwirkt. Der Wirkungsgrad eines Heizkessels im Niedrigenergie-Einfamilienhaus wäre auch bei passend dimensioniertem Kessel schlechter, weil den nicht mehr vermeidbaren Kesselverlusten eine nur sehr geringe Wärmeabnahme an das Heiznetz gegenübersteht.

Die Lösung dieses Problems sind nicht Kessel mit noch kleinerer Wärmeleistung, sondern das Zusammenfassen der Wärmeerzeugung für mehrere Häuser beziehungsweise Wohneinheiten. So sollte eben für den verdichteten Flachbau (Reihenhäuser, Mehrfamilienhäuser und dergleichen) auf jeden Fall eine gemeinsame Heizzentrale gewählt werden. Dadurch stehen auch später für alternative Technologien die Wege offen.

Bei Niedertemperaturkesseln spielt die Auslegetemperatur der Heizflächen eine untergeordnete Rolle. Wie Tabelle 8 zeigt, ist zwischen sehr hoher und sehr niedriger Auslegung ein Unterschied von maximal 1,4 %. Im Niedrigenergie-Einfamilienhaus ist der Unterschied etwas größer, aber dennoch relativ unbedeutend bezüglich des Jahresenergieverbrauchs. Zur Veranschaulichung sei gesagt, daß bei zehn Kelvin Differenz in der maximalen Auslegetemperatur im Jahresdurchschnitt die Differenz nur drei bis vier Kelvin beträgt. Man kann sich also größer dimensionierte und damit auf niedrigere Temperaturen ausgelegte Heizflächen sparen und sollte eher darauf achten, daß, so wie es in der Heizungsanlagenverordnung verlangt ist, alle Rohrleitungen in unbeheizten Räumen mindestens so dick wie das Rohr selbst gedämmt werden und dabei auch die Schwachstellen wie Absperrorgane, Verschraubungen, Flansche und dergleichen gedämmt werden.

Wenn ein Pufferspeicher zur Reduzierung der Startvorgänge vorgeschlagen wird, so muß dem entgegnet werden, daß dies bei den heutigen Kesseln weder bezüglich des Energieverbrauchs noch bezüglich des Schadstoffausstoßes viel bringt. Beim Energieverbrauch liegt die Verbesserung deutlich unter 1 %, beim Schadstoffausstoß bei Heizkesseln, welche den Kriterien des Umweltengels genügen, bei etwa 1 bis 2 %. Dem stehen zusätzliche Verluste des Pufferspeichers gegenüber sowie eine weitere Umwälzpumpe, welche zu einem zusätzlichen Stromverbrauch führt. Insofern erhöhen sich durch Pufferspeicher in Verbindung mit Öl- (oder auch Gas-) Heizkesseln die Betriebskosten sowie der Primärenergieverbrauch und auch die Umweltbelastung. Man sollte eher darauf achten, daß die Regelung so eingestellt wird, daß die Einschalt- und Ausschalttemperatur des Brenners möglichst weit auseinanderliegen. Hier hat man beobachtet, daß durch den Einbau eines zusätzlichen Mischers nach dem Niedertemperaturkessel die Startvorgänge häufiger werden. Gerade im Niedrigenergiehaus ist ein Mischer nicht nötig, da der Wasserinhalt des Verteilnetzes bei Heizkörpern meist nicht größer als der Kesselwasserinhalt ist.

Tabelle 8 a: Jahresnutzungsgrade von Niedertemperaturheizkesseln ohne Warmwasserbereitung, überdimensioniert (Kesselleistung 18 kW bei 8 kW Normwärmebedarf)

80/60 °C	86,0 %
60/50 °C	88,0 %
60/40 °C	88,5 %
40/30 °C	90,9 %

Tabelle 8 b: Nicht überdimensioniert (Kesselleistung 18 kW bei 18 kW Normwärmebedarf)

80/60 °C	90,5 %
40/30 °C	91,9 %

3.2.4 Gasheizung

Die reinen Energieverbrauchskosten einer Gasheizung liegen im Bundesdurchschnitt etwa 40 bis 50 % höher als die einer Ölheizung. Bei Niedrigenergie-Einfamilienhäusern ist der Verbrauch so gering, daß sich die Gastarife sehr ungünstig auswirken und man im Vergleich zur Ölheizung mit etwa doppelten Verbrauchskosten rechnen muß. Flüssiggaspreise liegen etwa in der gleichen Größenordnung.

Bei Gasheizkesseln soll nur auf Brennwertgeräte eingegangen werden, da diese nur noch geringfügig teurer sind als konventionelle Kessel und nicht nur bezüglich der Energieausnutzung, sondern auch bezüglich raumluftunabhängiger Verbrennung viele Vorteile bieten. Sie lassen sich über eine Abgasleitung in einem nicht brennbaren Schacht (Schornstein) anschließen, wobei in der Regel ein Kunststoffabgasrohr eingezogen wird. Über den Zwischenraum zwischen Rohr und Schacht kann dann in den meisten Fällen, besonders bei kleinen Geräten, die Verbrennungsluft angesaugt werden.

Eine andere Möglichkeit besteht bei Dachheizzentralen, wo auf den Schacht verzichtet und ein koaxiales Frischluft-Abgasrohr direkt über Dach geführt werden kann. Vordergründig betrachtet sind Dachheizzentralen eine sehr preiswerte Alternative. Gegenüber der zuvor genannten Lösung schrumpft jedoch ihr Kostenvorteil, wenn man berücksichtigt, daß die Gasleitung bis ins Dach verlegt werden muß, die Abgasleitung im Schacht nicht viel mehr kostet als die direkt über Dach geführte, und praktisch nur der Schacht selbst zusätzliche Kosten verursacht. Ferner ist die Verteilung bezüglich Heizleitungen und Warmwasserleitungen in der Regel etwas aufwendiger. Auch ist man im Falle einer späteren Kesselerneuerung bei einer Dachheizzentrale an gewisse Geräte gebunden, während sich im Untergeschoß innerhalb eines Technikraums mehr Möglichkeiten für die Zukunft bieten.

Tabelle 9: Jahresnutzungsgrade von Brennwertkesseln ohne Warmwasserbereitung (Randbedingungen: volle Auslastung, Kessel ohne Mindestumlaufmenge und gute Dämmung, Leistung ca. 20 kW)

Heizwassertemperatur	CO_2-Gehalt	Jahresnutzungsgrad
80/60 °C	10 %	100,0 %
70/50 °C	10 %	101,6 %
60/40 °C	10 %	102,8 %
40/30 °C	10 %	104,0 %
60/40 °C	6 %	97,8 %
zum Vergleich: guter konventioneller Kessel		92,0 %

Bei guten Brennwertgeräten können die in Tabelle 9 dargestellten Jahresnutzungsgrade erreicht werden. Ein Großteil der auf dem Markt befindlichen Brennwertgeräte erreicht diese Jahresnutzungsgrade wegen gravierender Mängel nicht.

- Viele Brennwertgeräte sind überhaupt nicht gedämmt. Besonders im Niedrigenergie-Einfamilienhaus erreichen solche Geräte nicht einmal die Jahresnutzungsgrade, welche von guten konventionellen Gasheizkesseln erreicht werden. Dabei ist zu vermerken, daß nicht gedämmte Geräte sogar das Umweltzeichen vom Umweltbundesamt (»Blauer Engel«) sowie das europäische CE-Zeichen für Brennwertgeräte erhalten. Die Vergaberichtlinien dieser beiden Auszeichnungen sind so festgelegt, daß gerade noch nicht gedämmte Brennwertgeräte durchkommen. Auch die Bestimmung des Jahresnutzungsgrades nach DIN 4702 Teil 8 beschönigt die Werte. Hier wird jeweils eine volle Auslastung des Brennwertgerätes vorausgesetzt.
  Dies ist in der Praxis jedoch nicht erreichbar, da oft bezüglich der Brauchwasserbereitung gerade im kleinen Leistungsbereich Zuschläge notwendig sind. Des weiteren muß beim berechneten Wärmebedarf nicht das nächstkleinere, sondern das nächstgrößere Gerät eingesetzt werden. Nicht zuletzt weist ein Gebäude in Niedrigenergiebauweise aufgrund des stärkeren Einflusses von internen und externen Wärmequellen bei demselben Normwärmebedarf einen geringeren Energieverbrauch auf als ein etwas kleineres, nicht in Niedrigenergiebauweise erstelltes Gebäude mit demselben Normwärmebedarf. Dadurch fallen die Kesselverluste durch nicht vorhandene Dämmung relativ gesehen stärker ins Gewicht. Bei der Auswahl des Heizkessels sollte deshalb auf eine lückenlose Dämmung geachtet werden.

- Für eine gute Kondensatausbeute ist ein geringer Luftüberschuß wichtig, welcher durch die Konstruktion des Gerätes möglich sein muß und auch so eingestellt werden soll. Ein Rest-O_2-Gehalt in den Abgasen von 2,5 % beziehungsweise ein CO_2-Gehalt von 10 % bezogen auf Erdgas ist anzustreben. Dies entspricht etwa 20 % Luftüberschuß. Liegt jedoch der CO_2-Gehalt nur bei 6 %, so geht der Jahresnutzungsgrad schon um etwa 6 % zurück.

- Der Wasserinhalt und der Innenwiderstand eines Brennwertgerätes hängen eng zusammen und sind von großer Bedeutung für die Kondensatausbeute und den Pumpenstromverbrauch. Ölbefeuerte Niedertemperaturkessel haben in den kleinen Leistungsstufen einen Wasserinhalt von etwa 50 Litern, manchmal sogar etwas mehr. Demgegenüber weisen viele Brennwertgeräte Wasserinhalte von lediglich zwei bis fünf Litern auf. Bei großen Wasserinhalten verteilt sich innerhalb des Kesselwassers durch Konvektion die von der Feuerung übertragene Wärme. Die Heizungsumwälzpumpe entnimmt so viel Heizungswasser, wie für die Beheizung des Gebäudes nötig ist. Im einfachsten Fall sorgt ein Zweipunktregler dafür, daß der Brenner nachheizt, wenn die Kesselwassertemperatur unter den Sollwert sinkt. Bei den Geräten mit kleinem Wasserinhalt ist dies jedoch wesentlich komplizierter. Hier ist eine Mindestumlaufmenge erforderlich, welche dafür sorgt, daß die Wärme von der Kontaktfläche des Wärmetauschers zwischen Feuerung und Heizungswasser schnell abgeführt wird und es an dieser Stelle nicht zum Sieden kommt. Wenn diese Mindestumlaufmenge nicht vorhanden ist, schaltet der Brenner gar nicht ein, und umgekehrt schaltet der Brenner auch sofort aus, wenn die Mindestumlaufmenge unterschritten wird. Selbst bei relativ kleinen Geräten beträgt die Mindestumlaufmenge etwa das Doppelte der Menge, die in einem auf niedrigen Pumpenstrom ausgelegten Rohrnetz eines Niedrigenergie-Einfamilienhauses umgewälzt werden muß, wenn alle Heizkörper geöffnet sind.

In der Übergangszeit, wenn nur wenige Heizkörper geöffnet sind und Thermostatventile relativ stark schließen, ist diese Umwälzmenge noch geringer. Die einfachste Möglichkeit, die Mindestumlaufmenge aufrechtzuerhalten, ist, einen Überströmregler als Kurzschlußstrecke zwischen Vor- und Rücklauf einzubauen, so daß die Differenz, welche zur notwendigen Mindestumlaufmenge noch fehlt, über diesen Regler fließt. Hierbei wirkt sich jedoch die damit verbundene Rücklauftemperaturanhebung nachteilig auf die Kondensatausbeute aus. Je nach Auslegung der Heizflächen und der benötigten Heizwassertemperaturen kann dies bedeuten, daß die Kondensatausbeute zunichte gemacht wird. Im Extremfall kann die Verschlechterung des Jahresnutzungsgrades hierdurch zwischen 5 und 10 % liegen. Ein weiterer Nachteil dieser geringen Wasserinhalte und der damit verbundenen Mindestumlaufmenge ist, daß stärkere Pumpen benötigt werden, weil zum einen mehr Wasser als nötig umgewälzt werden muß und zum anderen die Innenwiderstände dieser Kessel relativ hoch sind. Bei mit der entsprechenden Sorgfalt dimensionierten Rohrnetzen sind bis zu ca. 250 m^2 Wohnfläche Pumpen mit einer elektrischen Leistungsaufnahme von 20 bis 30 Watt ausreichend, sofern Kessel mit geringem Innenwiderstand und ohne Mindestumlaufmenge eingesetzt werden.

Viele Brennwertkessel mit den hier beschriebenen Nachteilen verbrauchen in der Größenordnung von 80 bis 120 Watt elektrische Pumpenleistung. Bezüglich der Möglichkeit, diese Probleme mit einem Pufferspeicher zu lösen, wird auf die Nachteile wie zusätzliche Abstrahlverluste und zusätzlicher Pumpenstromverbrauch verwiesen. Ein Pufferspeicher wird eher als Notlösung gesehen, um mit schlechten Geräten überhaupt zurechtzukommen. Die beste Lösung ist ein Brennwertgerät mit geringem Innenwiderstand und genügend großem Wasserinhalt zu wählen, so daß die Mindestumlaufmenge erst gar nicht nötig ist. Dann lassen sich auch entweder schon bei der Planung oder auch bei der Einregulierung des Heiznetzes größere Temperaturspreizungen zwischen Vor- und Rücklauftemperatur einstellen. Wenn zum Beispiel eine Anlage auf 70/50 °C ausgelegt ist, so kann die Vorlauftemperatur im Auslegefall beispielsweise auf 80 °C angehoben werden. Dann sinkt die Rücklauftemperatur auf 40 °C und nimmt von dort aus stark ab, je weiter man in Richtung mäßiger Außentemperaturen kommt.

Zusammenfassend soll noch einmal gesagt sein, daß ein Brennwertgerät über eine gute Dämmung, einen genügend großen Wasserinhalt und einen damit verbundenen geringen Innenwiderstand zur Vermeidung der Mindestumlaufmenge verfügen muß. Ferner muß ein knapp eingestellter Luftüberschuß von der Konstruktion her möglich sein und auch so eingestellt werden. In der Praxis sind auch Fälle bekannt, wo konventionelle Gasheizkessel gegen Brennwertgeräte ausgetauscht wurden und der Energieverbrauch sowie der Pumpenstromverbrauch sogar deutlich angestiegen sind, weil Geräte eingesetzt werden, welche nicht den hier genannten Kriterien entsprechen.

3.3   Wärmeverteilung

Bezüglich des Wärmeverteilsystems einer Wasserzentralheizung im Niedrigenergiehaus gibt es mehrere Kriterien:

- flinke Regelung
- geringer Pumpenstromverbrauch
- gute Energieausnutzung
- niedrige Investitionskosten
- thermische Behaglichkeit.

Unter diesen Gesichtspunkten sind die nachfolgenden Ausführungen zu sehen.

3.3.1   Flächenheizungen

Gegenüber Warmwasserzentralheizungen mit Heizkörpern schneiden im Energieverbrauch Flächenheizungen wie zum Beispiel Fußbodenheizungen schlechter ab. Niedrigenergiehäuser mit Fußbodenheizungen benötigen nach den Erfahrungen des Autors 30 bis 50 % mehr an Energie. Dies ist auf mehrere Ursachen zurückzuführen:

- Die Regelung, selbst bei Systemen mit dünnerem Estrich beziehungsweise Fußbodenaufbau, ist grundsätzlich träger als bei Heizkörpern. Durch den reduzierten Wärmebedarf wird vor allem die Grundlast reduziert, so daß die Spitzen verstärkt ins Gewicht fallen. Auch der sogenannte Selbstregelungseffekt einer Fußbodenheizung, wodurch diese bei Erwärmung der Räume mit Fremdwärme keine Temperaturdifferenz zur Raumlufttemperatur aufweist, bedeutet nicht, daß durch die Trägheit nicht mehr Energie verbraucht wird. Hierbei wurde die Wärme bereits vom System aufgenommen und ist dann nutzlos.

- Bei gleich dicker Dämmung gegen Kellerräume und Erdreich sind die Wärmeverluste einer Fußbodenheizung etwa doppelt so hoch. Man müßte, um dies auszu-

gleichen, doppelt so stark dämmen. Wenn im Niedrigenergiehaus auf Wärmeleitfähigkeitsgruppe 040 bezogen zwischen 10 und 12 cm Dämmung eingebaut wird,
so müßten unter Fußbodenheizungen zwischen 20 und 24 cm untergebracht werden. Würde man dies durch bessere Dämmstoffe ausgleichen, so wären die Mehrkosten hierfür sehr hoch.

- Da die Fußbodenheizung einen relativ hohen Strahlungsanteil hat, werden die
  anderen Bauteile, vor allem Wände und Decken sowie Dächer, stärker erwärmt
  und weisen dadurch erhöhte Wärmeverluste auf.

- Durch die Trägheit der Fußbodenheizung lassen sich Räume nicht so schnell aufheizen. Wenn zum Beispiel ein Arbeitszimmer nur ein- bis zweimal in der Woche
  abends genutzt wird, so kann ein Heizkörper in relativ kurzer Zeit für behagliche
  Wärme sorgen. Da bei der Fußbodenheizung länger vorgeheizt werden muß, werden solche Räume meist dauernd beheizt.

- Als Bewohner hat man bei der Fußbodenheizung im Gegensatz zu Heizkörpern
  kein Gefühl dafür, ob das Heizungssystem gerade Wärme abgibt oder nicht. Oft
  werden an wärmeren oder sonnigen Tagen Fenster über längere Zeit geöffnet,
  obwohl die Fußbodenheizung noch heizen muß, um den Wärmebedarf des
  Raumes zu decken. Bei einer Heizkörperheizung würde einem der warme Heizkörper auffallen, so daß man das Fenster nur ganz kurz zum Lüften öffnen würde,
  sofern man keine kontrollierte Lüftung besitzt.

- Eine thermostatische Raumtemperaturregelung bei Fußbodenheizungen funktioniert aufgrund der Trägheit nur sehr bedingt. In vielen Fällen wurde dies von
  Bewohnern in Wohnungen mit derartig gesteuerten Fußbodenheizungen bemän-
  gelt. Meist läuft eine Fußbodenheizung hauptsächlich außentemperaturgesteuert.
  Durch die schlechte Raumtemperaturanpassung wird entsprechend mehr Energie verbraucht. Auch wenn dies von den Bewohnern noch nicht als störend empfunden wird, so resultiert daraus dennoch ein höherer Energieverbrauch. Man
  unterscheidet hierbei zwischen Überheizung und Überhitzung. Bei Überheizungen
  sind die Räume wärmer als benötigt, ohne daß man es als unangenehm empfindet. Bei Überhitzungen empfindet man es als unangenehm warm.

- Bei Fußbodenheizungen aus Kunststoffkomponenten werden oft zur Systemtren-
  nung Wärmetauscher eingebaut. Diese sollen dazu dienen, daß durch die Kunst-
  stoffteile eindiffundierender Sauerstoff nicht zum Wärmeerzeuger oder in einen
  etwa vorhandenen Heizkörperkreislauf geführt wird. Hierzu ist eine weitere
  Umwälzpumpe nötig, die zu zusätzlichen Stromkosten führt.

- Auch ohne einen solchen Wärmetauscher verbrauchen selbst bezüglich des
  Druckabfalls günstig ausgelegte Fußbodenheizungen tendenziell mehr Umwälzpumpenstrom als bezüglich des Stromverbrauchs sparsam ausgelegte Verteil-
  systeme mit Heizkörpern. Nicht zuletzt liegt dies daran, daß bei Fußbodenhei-

zungen (ähnlich wie beim Einrohrsystem) eine hohe Wasserumlaufmenge zur gleichmäßigen Erwärmung benötigt wird. Außerdem ist nur eine geringe Temperaturspreizung möglich, was ebenfalls die zu fördernde Heizwassermenge erhöht. Bei im Zweirohrsystem angeschlossenen Heizkörpern kann die Temperaturspreizung zwischen Vor- und Rücklauf wesentlich weiter auseinandergezogen sowie gegebenenfalls in der Übergangszeit die Menge des umgewälzten Heizwassers reduziert werden.

3.3.2 Heizkörper

Wie bereits erwähnt, sollen Heizkörper einen relativ geringen Wasserinhalt aufweisen, wobei gängige Plattenheizkörper oder ähnliche als ideal und Röhrenheizkörper oder Heizkörper mit ähnlichem Wasserinhalt als obere Grenze angesehen werden. Plattenheizkörper, welche Sicken (Kehlungen) aufweisen, sind preiswerter und haben in der Regel einen geringeren Wasserinhalt als glatte. Noch geringere Wasserinhalte, wie sie Heizkörper aus besonders teuren Materialien (Aluminium und dergleichen) aufweisen, bringen bezüglich der Regelungsfähigkeit praktisch keine Vorteile mehr. Reine Konvektoren haben zwar den geringsten Wasserinhalt, jedoch den Nachteil, daß sie bei reduzierten Heizwassertemperaturen einen sehr starken Leistungsabfall aufweisen.

Wie Tabelle 8 (Seite 90) zeigt, bringt eine spezielle Niedertemperaturauslegung in Verbindung mit normalen Niedertemperaturheizkesseln ohne Abgaskondensation so gut wie keine Vorteile. Es können also durchaus die Kosten für die größer dimensionierten Heizkörper eingespart werden. Bei Brennwertgeräten ist entsprechend Tabelle 9 (Seite 91) eine Auslegung auf 70/50 °C sehr zweckmäßig.

Niedrigere Auslegungen bringen relativ hohe Mehrkosten bei nur noch sehr geringen Einsparungen mit sich. Im Berechnungsverfahren für den Wärmebedarf sind ohnehin noch Reserven enthalten, zumal es in der diesbezüglichen Norm vorgesehen ist, Wärmeströme zwischen beheizten Räumen zu berücksichtigen, so daß der jeweilige Raum auch dann ausreichend beheizt werden kann, wenn die benachbarten Räume um 5 Kelvin abgesenkt sind. Insofern wird in der Praxis eine etwas niedrigere Heizkurve genügen als die errechnete.

Bei der Planung sollte auch darauf geachtet werden, daß die tatsächlichen k-Werte berücksichtigt werden. In der Praxis werden oft Standard-k-Werte eingesetzt, welche mit Niedrigenergiebauweise und auch dem Standard der Wärmeschutzverordnung bei weitem nichts zu tun haben und viel zu hoch sind.

Zu groß dimensionierte Heizkörper bringen ab einem gewissen Punkt keine Vorteile mehr, lediglich unnötige Investitionskosten. Sie sollen außerdem aus architektonischen Gründen vermieden werden. Tabelle 10 zeigt die relative Vergrößerung von Heizkörpern bei niedrigeren Auslegetemperaturen.

Tabelle 10: Relative Heizkörpergrößen bei verschiedenen Auslegetemperaturen

Auslegetemperatur	relative Heizkörpergröße
90/70 °C	100 %
80/60 °C	130 %
70/50 °C	170 %
60/40 °C	250 %
55/35 °C	350 %

Heizkörper müssen nicht mehr unbedingt unter dem Fenster angeordnet werden. Bei nicht allzu großen Fensterflächen mit verbesserter Wärmeschutzverglasung ist unter Umständen auch eine Anordnung an einer Innenwand zweckmäßig.

Werden Heizkörper unter dem Fenster angeordnet, sollte entweder auf Vorhänge verzichtet oder das Fensterbrett über den Heizkörper hinweggeführt werden, so daß die Vorhänge darüber enden können und auf keinen Fall warme Heizungsluft in den Luftraum zwischen Vorhang und Verglasung eindringen kann. Ferner empfiehlt sich zur Reduzierung der Transmissionswärmeverluste bei Heizkörpern an Außenwänden eine metallisch blanke Reflexionsfolie. Selbst bei Gebäuden mit guter Dämmung und geringem Wärmebedarf sind diese Wärmeverluste absolut gesehen zwar gering, relativ gesehen jedoch in der gleichen Größenordnung wie bei konventionellen Bauten, denn wenn der Heizkörper unter dem Fenster angebracht wird, werden zwangsläufig die Transmissionswärmeverluste speziell des Fensters erhöht.

Dies läßt sich durch die Anordnung der Heizkörper an den Innenwänden vermeiden. Jedoch ist es zweifelhaft, ob dadurch generell Heizungsenergie eingespart wird, da aufgrund der etwas ungleichmäßigeren Temperaturverteilung geringfügig höhere Raumtemperaturen benötigt werden. Wenn ein Raum aufgeheizt wird, fühlt man sich schneller behaglich, wenn sich der Heizkörper an der kältesten Stelle des Raumes befindet und möglichst auch so angeordnet ist, daß die Bewohner sehr schnell Wärme abbekommen.

Auch bei mehrgeschossigen Wohneinheiten (zum Beispiel drei- bis viergeschossigen Reihenhäusern) sollten die Heizkörper im Erd- und Untergeschoß unbedingt außen angebracht werden. Denn selbst bei sorgfältiger Ausführung entsteht, bedingt durch nicht vermeidbare Undichtigkeiten, ein thermischer Auftrieb im Gebäude, wodurch im untersten Geschoß kalte Luft von außen nach innen einströmt. Dadurch kann sich der Wärmebedarf der untersten Räume unter Umständen sogar verdoppeln. Ein an den Innenwänden installierter Heizkörper schafft es hierbei nicht, die Kaltluft entsprechend anzuwärmen.

Die richtige Anordnung der Heizkörper muß im Einzelfall mit sehr viel Scharfsinn durchdacht werden. Man sollte weder die eine noch die andere Lösung dogmatisch vertreten, denn es spielen auch die Größe des Raumes, die Fensterfläche sowie die Art der Möblierung eine Rolle.

Bei überhohen oder mehrgeschossigen Räumen dürfen im Bereich der Überhöhe beziehungsweise Deckenöffnung nur Heizkörper mit relativ hohem Strahlungsanteil (möglichst einlagige Plattenheizkörper ohne Konvektionsbleche) angeordnet werden. Heizkörper mit höherem konvektiven Anteil dürfen nur in Bereichen mit normaler Raumhöhe installiert werden. Auch ist es zweckmäßig, die gesamte Heizleistung eines solchen Raumes von unten her abzudecken. Wenn im oberen Bereich ein zusätzlicher Heizkörper entweder zur besseren Beheizung eines Aufenthaltsbereichs oder zur Abschirmung kalter Verglasungen vorgesehen werden soll, so sollte dieser zusätzlich installiert und nicht zur Deckung des Normwärmebedarfs herangezogen werden.

Wenn sich in einem Raum mehrere Heizkörper befinden, sollten diese, sofern sie nicht nebeneinander angeordnet werden, über ein gemeinsames Thermostatventil geregelt werden. Bei nebeneinander angeordneten Heizkörpern bilden sich zwei voneinander unabhängige Wärmewalzen aus, und jedes Thermostatventil regelt seinen Heizkörper unabhängig vom anderen. Befinden sich die Heizkörper jedoch über Eck oder auch an entgegengesetzt angeordneten Seiten eines Raumes, so beeinflussen sich die Wärmewalzen, und man erhält sehr hohe Schwankungen der Raumlufttemperatur. In einem solchen Fall empfiehlt es sich, alle Heizkörper eines Raumes über ein gemeinsames Thermostatvenil zu regeln und nach diesem Thermostatventil alle Heizkörper parallel im Zweirohrsystem anzufahren. Gerade im Niedrigenergiehaus, wo sehr geringe Wärmeleistungen gefragt sind und interne sowie externe Wärmequellen einen relativ starken Einfluß ausüben, ist eine solche Anschlußweise unbedingt nötig. Auch läßt sich so mit einem Handgriff die Temperatur eines Raumes verändern, während man sich nur sehr schwer vorstellen kann, daß jemand mehrere Thermostatventile in einem Raum bedient, um eine andere Raumtemperatur zu erreichen.

Es ist auf keinen Fall sinnvoll, das ganze Jahr über die Thermostatventile fest einzustellen und die Raumtemperaturen im ganzen Haus der zentralen Regelung zu überlassen, sondern es empfiehlt sich, Räume entsprechend der jeweiligen zeitlichen Nutzung zu beheizen. So sollten zum Beispiel Wohnzimmer bei körperlicher Arbeit weniger beheizt werden als bei ruhigen Tätigkeiten.

3.3.3 Rohrnetz

Geringer Druckabfall und hydraulischer Abgleich

Ein Rohrnetz kann heute so geplant werden, daß ohne große Mehrkosten für ein kleines Gebäude mit bis zu 250 m^2 Wohnfläche eine Umwälzpumpe mit einer elektrischen Leistungsaufnahme von 20 bis 30 Watt und bei größeren Gebäuden eine mit einer elektrischen Leistungsaufnahme von 0,1 Watt pro Quadratmeter Wohnfläche oder oft sogar noch weniger genügt. Bei durch bessere Dämmung und lüftungstechnische Verbesserungen stark zurückgegangenem Heizenergieverbrauch und immer komplizierteren Heizungssystemen ist der Umwälzpumpenstrom keine zu vernachlässigende Größe mehr. Als Faustformel kann gesagt werden, daß 1 Watt elektrische Anschlußleistung der Heizungsumwälzpumpe beim Haushaltstarif zu jährlichen Stromkosten von etwas mehr als 1 DM führt. Bei Mehrfamilienhäusern, wo für den Strom, der für die Heizung benötigt wird, oft sogar der Kleinverbrauchertarif bezahlt werden muß, liegen die Verbrauchskosten doppelt bis dreifach so hoch. Deshalb ist bei der Rohrnetzplanung zu beachten:

- In den Teilsträngen, welche für den Gesamtdruckabfall der Anlage relevant sind, sollte der Druckabfall bei nicht mehr als 100 Pa/m (Pascal pro Meter) liegen. Wenn eine genaue Rohrnetzberechnung durchgeführt wird, so werden nur an einzelnen Teilstücken etwas stärker dimensionierte Rohrleitungen benötigt, was im Einfamilienhaus zu Mehrkosten von oft nur 100 bis 200,– DM führt, wenn nicht sogar an anderer Stelle diese Mehrkosten durch dünner dimensionierte Rohre wieder eingespart werden können.

- Heizkörper sollten grundsätzlich im Zweirohrsystem (parallel) angeschlossen werden, denn Einrohrsysteme mit hintereinander angeschlossenen Heizkörpern benötigen grundsätzlich mehr Pumpenstrom.

- Die Spreizung zwischen Vor- und Rücklauftemperatur sollte auf mindestens 20 Kelvin ausgelegt werden. Bei kleineren Spreizungen muß die Pumpe wesentlich mehr Heizwasser fördern. Beispiel: Die Heizleistung bei einem Heizungssystem mit 60/40 °C Vor- beziehungsweise Rücklauftemperatur ist dieselbe wie bei 55/45 °C, nur daß im letzteren Fall doppelt soviel Wasser umgewälzt werden muß.

- Ein hydraulischer Abgleich der einzelnen Stränge und Heizkörper ist unerläßlich. Damit die Heizkörper, welche sich relativ nah an der Pumpe befinden, keinen Kurzschluß bilden und die Pumpe dann genügend Druck für die entfernteren Heizkörper aufbauen kann, müssen die Widerstände dieser pumpennahen Teilstränge künstlich (zum Beispiel an Verschraubungen) erhöht werden. Ziel soll sein, daß die Widerstände der einzelnen Heizkörper einschließlich Zuführungsleitungen gleich sind. Die Einstellung kann so geschehen, daß sämtliche Thermostatventile zunächst voll geöffnet werden. Man wird dann feststellen, daß die entfernteren

Heizkörper gegebenenfalls nicht warm werden. Wenn man an den warmen Heizkörpern die Ventile zurückdrosselt und nur soweit öffnet, daß diese gerade noch
warm werden, so wird man feststellen, daß selbst bei schwacher Pumpenleistung
die entfernteren auch mit Wärme versorgt werden.

In gewissen Bereichen läßt sich eine gleichmäßige Beheizung anstatt durch einen
hydraulischen Abgleich auch durch eine stärkere Pumpenleistung erreichen.
Dabei besteht jedoch die Gefahr, daß Strömungsgeräusche sowie Klacken und
Pfeifen an den Thermostatventilen entstehen. In vielen Fällen wird bei Einfamilienhäusern, wo nach einem hydraulischen Abgleich eine 20-Watt-Pumpe ausreichend wäre, bis zu 100 Watt mehr an Pumpenstrom benötigt.

- Um mit einem geringeren Druckabfall auszukommen, lohnt es sich, sämtliche Ein-
  zelwiderstände genau zu betrachten. So läßt sich der Druckabfall oft sehr stark
  reduzieren, indem an einzelnen Heizkörpern oder auch bei Zonenregelungen die
  Ventile eine Dimension größer gewählt werden. Es gibt auch Fälle, wo das vom
  Kesselhersteller angebotene Anschlußzubehör einen größeren Widerstand aufweist als der Kessel selbst. Hier empfiehlt es sich, mit gängigen Verschraubungen
  und entsprechenden Rohrbögen sowie Kugelhahnen, welche in voll geöffneter
  Stellung einen relativ geringen Widerstand haben, anzuschließen.

Wasserinhalt der Wärmeverteilung

Im stationären Fall spielt der Wasserinhalt einer Heizungsanlage keine Rolle. Um ein
flinkes Regelungsverhalten zu erzielen, sollten jedoch Heizkörper mit geringem Wasserinhalt eingebaut werden. Zunächst denkt man bezüglich des Wasserinhaltes der
Wärmeverteilung nur an diese flinke Regelung, bei der die Heizkörper sehr rasch
keine Wärme mehr abgeben, wenn interne oder externe Wärmequellen den Raum
erwärmen. Der Aufheizfall ist jedoch genauso wichtig. Oft wird überhaupt nicht
bedacht, daß bei einer sparsam ausgelegten Umwälzpumpe im Niedrigenergie-Einfamilienhaus zum Beispiel nur 300 Liter Wasser pro Stunde umgewälzt werden müssen, um bei 20 Kelvin Spreizung die notwendige Leistung bereitzustellen. Wenn das
Verteilnetz samt Heizkörpern ebenfalls diesen Wasserinhalt hätte, würde man eine
Stunde benötigen, bis das ganze Wasser morgens erwärmt wäre. Deshalb sollte der
Wasserinhalt der Wärmeverteilung höchstens bei 20 bis 30 % der stündlich umgewälzten Wassermenge liegen.

Wärmedämmung der Rohrleitungen

Die Heizungsanlagenverordnung schreibt vor (frei formuliert), die Heizleitungen
außerhalb des beheizten Bereiches zum Teil sogar etwas stärker als den Rohr-
durchmesser selbst zu dämmen, mindestens jedoch 20 mm. Darüber hinaus sollen
auch alle Schwachstellen, wie Absperrorgane und dergleichen, gedämmt werden.

Auch wenn dies nicht ausdrücklich so erwähnt ist, sollen auch alle anderen Schwachstellen, wie das erste Stück Zuleitung zum Ausdehnungsgefäß oder Sicherheitsventil sowie genutzte und ungenutzte Kesselstutzen und dergleichen, gedämmt werden. Es sollte eigentlich selbstverständlich sein, daß diese gesetzlichen Vorschriften im Niedrigenergiehaus genauso wie in konventionellen Bauten eingehalten werden. Die Praxis zeigt jedoch, daß selbst im Niedrigenergiehaus oft viel zu dünn und nachlässig gedämmt wird.

Fehler, die oft begangen werden, sind, daß viel zu dünn oder überhaupt nicht gedämmte Heizleitungen direkt auf der kalten Bodenplatte oder Kellerdecke verlegt werden und die Dämmung des Bauteils neben diesen Leitungen auf gleicher Höhe und zum Teil auch noch über diesen Leitungen ausgeführt wird. Richtig wäre in diesem Fall, die Heizleitungen entweder mit voller Dämmstärke zu dämmen oder mit reduzierter Dämmung (4 oder 9 mm) im oberen (raumseitigen) Teil der Dämmebene zu verlegen.

Wird die Innendämmung einer Außenwand zweilagig ausgeführt (2 x 5 oder 2 x 6 cm), so können durchaus Heizleitungen mit sehr schwacher Dämmung in der raumseitigen Dämmschicht verlegt werden, wenn eine Verlegung in Innenbauteilen nicht möglich ist.

3.3.4 Luftheizungen

Luftheizungen sollen im Niedrigenergiehaus nicht grundsätzlich ausgeschlossen werden. Sie sollen jedoch weder bezüglich der Investitionskosten noch bezüglich des Energieverbrauchs einschließlich der elektrischen Hilfsenergie schlechter abschneiden als der Standardfall mit Heizkörpern und separater kontrollierter Lüftung.

Folgende Kriterien, welche von Luftheizungen nur schwer beziehungsweise nur zum Teil und dann mit äußerst hohen Aufwendungen erfüllbar sind, müßten gegeben sein:

- Der Stromverbrauch für sämtliche Ventilatoren einschließlich der meist zusätzlichen Umwälzpumpe zwischen Wärmeerzeuger und Warmluftgerät darf nicht höher liegen als der einer kontrollierten Lüftung mit Wärmerückgewinnung und einer separaten Warmwasserzentralheizung mit sparsamer Heizungsumwälzpumpe.

- Es muß gewährleistet sein, daß in den einzelnen Räumen Frischluft und Wärmezufuhr getrennt voneinander geregelt werden können.

- Alle anderen bisher genannten Randbedingungen, sowohl für Anlagen zur kontrollierten Lüftung als auch für Warmwasserzentralheizungen, dürfen sinngemäß nicht schlechter ausfallen. So müssen zum Beispiel Warmluftkanäle (auch Rückluftkanäle mit Raumtemperatur) innerhalb der gedämmten Gebäudehülle verlegt werden, da sie sonst trotz Dämmung relativ hohe Wärmeverluste zu den kalten Räumen, Außenluft oder Erdreich hin aufweisen.

- Oft werden Warmluftheizungen gewählt, um eine Temperaturschichtung im Gebäude auszuschließen. In der Praxis wurde jedoch beobachtet, daß hierfür Warmluftheizungen ungeeignet sind. Gerade wenn am höchsten Punkt abgesaugt wird, nimmt die Tendenz zur Temperaturschichtung zu, da zwar warme Luft von oben nach unten gebracht, jedoch der thermische Auftrieb im Haus künstlich verstärkt wird. Eine Lösung dieses Problems stellt eher eine Warmwasserzentralheizung dar, wenn im kritischen Bereich die bereits beschriebenen Heizflächen mit hohem Strahlungsanteil vorgesehen werden.

- Warmluftheizungen mit geschlossenen Systemen (Hypokausten) sind sehr träge und führen gegenüber der Standardlösung zu zusätzlichem Energieverbrauch. Auch ist der bauliche Aufwand hierfür sehr hoch, besonders dann, wenn die luftführenden Bauteile Außenwände, Kellerdecken und dergleichen darstellen, die zusätzlich gedämmt werden müssen. Aufgrund der höheren wirksamen Temperaturdifferenz würde das System sich unter Beibehaltung des Dämmstandards dann so verhalten, wie wenn eine Wand mit gleicher Dämmeigenschaft statt einem k-Wert von 0,3 W/m²K nur 0,8 W/m²K aufweisen würde.

3.4   Brauchwasser

3.4.1 Brauchwassererwärmung

Von Solarenergie abgesehen ist die energieeffizienteste Form der Warmwasserbereitung die mit der Heizung gekoppelte. Dabei erwärmt der Heizkessel bei Bedarf einen Brauchwasserspeicher mittels eines normalerweise im Speicher befindlichen Wärmetauschers. Wenn bei früheren Heizungsanlagen für die sommerliche Brauchwasserbereitung die Wirkungsgrade lediglich im Bereich zwischen 10 und 30 % lagen, so erreichen moderne Systeme Wirkungsgrade zwischen 70 und 80 %. Andere Formen der Warmwasserbereitung sind ungünstiger.

So ist die elektrische Warmwasserbereitung mit ähnlichen Verbrauchskosten verbunden wie die Elektroheizung. Dasselbe gilt für den Primärenergieverbrauch und die Umweltbelastung. Selbst ab Steckdose darf nicht wie oft üblich mit 90 oder 95 % Wirkungsgrad gerechnet werden, da die Speicherverluste um ein Vielfaches höher sind als hierbei angenommen wird.

Durchlauferhitzer schneiden gegenüber Speichern nur dann besser ab, wenn sie keine Mindestdurchlaufmenge benötigen. Bei heute gebräuchlichen Gasdurchlauferhitzern und den meisten elektrisch beheizten ist jedoch eine Mindestentnahme nötig, was dazu führt, daß man mit mindestens doppelt soviel Wasser duschen muß, wie man für den Duschvorgang benötigt, so daß der Wirkungsgrad diesbezüglich schon weit unter 50 % liegt. Hinzu kommt noch der Gasenergieverbrauch einer Zünddauerflamme, welcher mit etwa 1 000 kWh pro Jahr zu bewerten ist.

Auch sogenannte Gasheißwasserspeicher, welche einen kleinen Gasbrenner beinhalten und vom Heizkessel unabhängig sind, schneiden wesentlich schlechter ab als die bereits beschriebenen indirekt beheizten.

Eine dezentrale Warmwasserversorgung bedeutet auch, daß man sich zumindest bis zum nächsten Umbau beziehungsweise zur Renovierung des Gebäudes auf ein System und einen Energieträger festgelegt hat, während bei zentralen Systemen problemlos auf andere Energieträger umgestellt beziehungsweise überhaupt erst Solarenergie benutzt werden kann.

3.4.2 Verteilung des erwärmten Brauchwassers

Die Wartezeiten, bis am Verbraucher nach Öffnen der Armatur Warmwasser ansteht, können unterschiedlich lang sein. Bei langen Leitungswegen beziehungsweise dicken Rohrquerschnitten sind Zirkulationsleitungen üblich, wobei in der Warmwasserleitung das Wasser bis kurz vor den Verbraucher und über eine weitere Leitung, die Zirkulationsleitung, wieder zurück in den Warmwasserspeicher zirkuliert. Somit steht nahezu sofort nach dem Öffnen der Armatur Warmwasser am Verbraucher an. Der Nachteil solcher Zirkulationsleitungen sind die Wärmeverluste sowie der Stromverbrauch der Zirkulationspumpe. Warmwasser- und Zirkulationsleitungen müssen nach der Heizungsanlagenverordnung genauso gedämmt werden wie Heizungsleitungen im nicht beheizten Bereich.

Ferner verlangt die Heizungsanlagenverordnung eine Bedarfs- beziehungsweise Zeitsteuerung der Zirkulation. Meist wird dies so realisiert, daß die Stromzufuhr der Zirkulationspumpe durch eine Zeitschaltuhr unterbrochen wird. In den meisten Fällen werden die Zeitschaltuhren so eingestellt, daß mit Ausnahme von sechs bis acht Stunden bei Nacht die Zirkulation ständig in Betrieb ist. Auf das Einfamilienhaus bezogen, muß man mit Wärmeverlusten rechnen, die bei vorschriftsmäßig gedämmten Leitungen in der Größenordnung von 100 Liter Heizöl pro Jahr liegen. Der größte Teil dieser Wärmeverluste kann nicht genutzt werden, weil er außerhalb der im Niedrigenergiehaus stark reduzierten Heizperiode anfällt und die Zirkulationsleitung meist innerhalb der Naßräume verläuft, welche in der Regel morgens aufgeheizt und kurz darauf nach Gebrauch wieder stark abgesenkt werden können.

In den überwiegenden Fällen der Neuinstallationen werden die Leitungen jedoch deutlich schwächer gedämmt, als es die Heizungsanlagenverordnung verlangt. Hier muß man mit jährlichen Wärmeverlusten zwischen 200 und 300 Liter Heizöl rechnen.

Die schwächste Zirkulationspumpe mit 25 Watt elektrischer Leistungsaufnahme verursacht beim Haushaltstarif jährliche Stromkosten von etwa 50,– DM, sofern sie das ganze Jahr mit Ausnahme von jeweils sechs bis acht Nachtstunden in Betrieb ist. Von seiten der Installateure wird im Einfamilienhaus oft eine doppelt so starke Zirkulationspumpe eingebaut, woraus jährliche Stromkosten von 100,– DM resultieren.

Anstelle der Zirkulationsleitung können auch elektrische Rohrbegleitheizungen eingebaut werden, welche am Warmwasserrohr befestigt und mit ihm zusammen gedämmt werden. Bezüglich Energiekosten, Primärenergieverbrauch und Umweltbelastung ist hier nichts gewonnen, wenn nicht sogar in den meisten Fällen das Gegenteil erreicht wird. Insofern muß davon abgeraten werden.

Als praktikabel hat sich erwiesen, die Warmwasserleitungsquerschnitte streng nach DIN 1988 zu dimensionieren, damit möglichst kleine Wasserinhalte und kurze Wartezeiten entstehen. Werden die Vorgaben dieser DIN eingehalten, so ist ein ausreichender Versorgungsdruck an jedem Verbraucher gewährleistet.

Durch die höhere Fließgeschwindigkeit bedingt, entstehen sogar weniger Kalkablagerungen. Diese Berechnung liefert als Nebenergebnis die Wartezeiten und Wassermengen, welche an den einzelnen Verbrauchern zu erwarten sind. Somit kann man im voraus zusammen mit der Bauherrschaft festlegen, welche Wartezeiten toleriert werden. Falls diese zu lang sind und dennoch eine Zirkulation gewünscht wird, so sollte die Zirkulation möglichst nur auf die stärker dimensionierten Hauptverteilleitungen, welche aufgrund ihrer großen Wasserinhalte für die langen Wartezeiten verantwortlich sind, beschränkt werden. Die dünneren Verteilleitungen zu den einzelnen Verbrauchern, welche geringe Wasserinhalte, jedoch eine relativ große wärmeübertragende Oberfläche aufweisen, sollten ohne Zirkulation ausgeführt werden. Es wird jedoch dringend empfohlen, ab dem Ende der Zirkulationsleitung bis zu den Verbrauchern die Wartezeiten nochmals zu berechnen und der Bauherrschaft zur Kenntnisnahme und Genehmigung vorzulegen.

In Ein- und Zweifamilienhäusern ist es auch denkbar, die Zirkulationspumpe mittels an zentralen Punkten in der Wohnung angebrachten Tastschaltern in Betrieb zu nehmen und nach wenigen Minuten über ein Nachlaufrelais wieder abzuschalten, ähnlich wie man dies vom Treppenhauslicht her kennt. Damit dies richtig funktioniert und auch kurzfristig das Warmwasser gleichmäßig in alle zirkulierenden Teilstränge verteilt werden kann, ist eine Berechnung des Rohrnetzes nach den einschlägigen Richtlinien jedoch genauso wichtig. Auch muß gewährleistet sein, daß die Zirkulation nur wenige Male am Tag betätigt wird. Bei Mehrfamilienhäusern ist diese Lösung nicht denkbar, da damit zu rechnen ist, daß die Tastschalter viel zu oft betätigt werden und damit über sehr lange Zeit hinweg die zirkulierenden Warmwasserleitungen Wärme verlieren würden.

4 Sonnenenergienutzung

Sonnenenergie läßt sich auf zweierlei Arten nutzen:

- Über die Gebäudehülle – hauptsächlich durch Verglasungen oder andere transparente Bauteile. Hier spricht man von passiver Nutzung der Sonnenenergie.

- Über haustechnische Anlagen mittels Kollektoren: Dies wird als aktive Nutzung der Sonnenenergie bezeichnet.

Passive Sonnenenergienutzung müßte eigentlich im Zusammenhang mit der Gebäudehülle, aktive Systeme im Zusammenhang mit der Haustechnik betrachtet werden. Hier wurde jedoch bewußt ein separates Kapitel gewählt, damit die zu erwartende Energieeinsparung bei beiden Nutzungsarten zusammenhängend dargestellt und besser verglichen werden kann.

4.1 Passive Nutzung der Sonnenenergie

Direkte und indirekte Nutzung

Im Niedrigenergiehaus läßt sich gegenüber anderen Gebäuden mit höherem Energieverbrauch relativ wenig passive Sonnenenergie nutzen. Dies liegt daran, daß sich, bedingt durch den reduzierten Wärmebedarf, vor allem interne Wärmequellen und auch diffuse Sonneneinstrahlung auf transparente Außenbauteile sämtlicher Orientierungen sehr stark auswirken und damit die Heizperiode verkürzen. So muß in der Übergangszeit nur an ganz wenigen Tagen geheizt werden. Wenn in dieser Zeit die Sonne scheint, führt dies so gut wie zu keiner zusätzlichen Heizenergieeinsparung. Es mag angenehm sein, wenn die Sonne die Räume auf beispielsweise 23 °C kostenlos erwärmt. Wenn jedoch ohne direkte Sonneneinstrahlung nur durch diffuses Sonnenlicht und interne Wärmequellen immer noch 20 bis 21 °C Raumtemperatur vorhanden sind, so müßte trotzdem nicht geheizt werden.

Auch handelt es sich nicht darum, ob generell Sonneneinstrahlung (sowohl direkte als auch diffuse) durch transparente Außenbauteile hindurch genutzt wird oder nicht. In der Praxis geht es darum, wie groß die Fenster in den einzelnen Richtungen, vor allem nach Süden, dimensioniert werden sollen. Wenn man die Möglichkeit hat, nach Süden Fenster einzubauen, wird man diese Möglichkeit auch nutzen. Wenn die Möglichkeit nicht besteht, weil zum Beispiel dort ein Haus angebaut ist, kann man eben keine direkte Südsonne nutzen. Insofern handelt es sich hier also nicht darum, ob man passive Sonnenenergie nutzt oder nicht, sondern darum, wie groß die Südfenster dimensioniert werden sollen.

Bezüglich der Südfensterfläche bei Niedrigenergiehäusern hat sich gezeigt, daß der Unterschied im Energieverbrauch zwischen Gebäuden mit sehr großen und gar keinen Südfenstern maximal zwischen 5 bis 10 % liegt. Zwischen mittleren und großen Südfenstern ist nahezu kein Unterschied zu verzeichnen.

Eine interessante Betrachtungsweise ist auch, ein typisches Einfamilienhaus mit kleinen Fenstern auf der Nordseite (WC und Küchenfenster sowie Eingangstüre) und großzügig verglasten Wohnzimmerfenstern nach Süden bei der Berechnung des Energieverbrauchs auf dem Papier um 180 Grad zu drehen. Der Heizenergieverbrauch nimmt in diesem Fall nur um 5 bis 6 % zu. Es kann also festgestellt werden, daß große Südfenster im Niedrigenergiehaus nicht unbedingt nötig sind. Andererseits sind größere Südfenster möglich, ohne daß sich der Heizenergieverbrauch erhöht. Man erhält also bezüglich der Architektur mehr Freiheitsgrade. Der Behauptung, daß bei energiesparendem Bauen dem Architekten bei der Gestaltung die Hände gebunden seien, muß also energisch widersprochen werden. Selbst bei anderen Orientierungen sind größere Fenster möglich.

Gegebenenfalls kann statt der Standardwärmeschutzverglasung mit k_v-Werten von 1,1 oder 1,3 W/m^2K auch eine bessere Verglasung mit k_v von weniger als 1,0, eventuell sogar von 0,4 oder 0,5 W/m^2K, eingesetzt werden.

Vor allem soll davor gewarnt werden, den Gebäudekörper entsprechend einer vorgesehenen Passiv-Solarnutzung zu gestalten, wenn dadurch die Oberfläche unnötig vergrößert oder größere Räume gebaut werden müssen. Damit wird sehr rasch der Punkt erreicht, wo die mögliche Einsparung durch passive Sonnenenergienutzung im Niedrigenergiehaus wieder verschwendet oder der Energieverbrauch sogar erhöht wird.

Bei Niedrigenergiehäusern läßt sich durch Maßnahmen zur Reduzierung des Wärmebedarfs, wie zum Beispiel bessere Fenster, nochmalige Verbesserung des Wärmeschutzes und gegebenenfalls Verbesserung der kontrollierten Lüftung, mehr Energie sogar auf kostengünstigere Art einsparen als durch passive Sonnenenergienutzung. Dies soll jedoch nicht bedeuten, daß im Einzelfall nicht auch Berechnungen zur Optimierung, nicht nur bezüglich passiver Sonnenenergie, sondern auch darüber hinaus, durchgeführt werden können.

In der Praxis wird oft beobachtet, daß bei der Nutzung der diffusen Sonnenein-strahlung viel verschenkt wird. Es kann davon ausgegangen werden, daß die diffu-se Sonneneinstrahlung beim Niedrigenergiehaus einen mindestens genauso großen passiven Solarheizbeitrag leistet wie die direkte Sonneneinstrahlung. Hierbei muß man sich bewußtmachen, daß die diffuse Sonneneinstrahlung eigentlich nur dann wirksam ist, wenn die Fenster direkt von oben belichtet werden und nicht durch Dachvorsprünge, Balkone und dergleichen verdeckt sind. Auch hier gilt genauso wie bezüglich der Belichtung, daß größere Dachvorsprünge möglichst vermieden und Balkone und Fenster gegeneinander versetzt angeordnet werden sollten.

Zur Verdeutlichung soll nochmals darauf hingewiesen werden, daß eine Optimierung der direkten Sonneneinstrahlung bezüglich passiver Sonnenenergienutzung nur dann sinnvoll ist, wenn die diffuse Strahlung nicht verschenkt wird. In vielen Fällen wird bei rechnerischen Optimierungen trotz Verschattung die diffuse Sonnenein-strahlung in voller Intensität berücksichtigt, was dann zu falschen Optimierungen führt.

Bezüglich des Potentials zur Nutzung der passiven Sonnenenergie unterscheiden sich Wintergärten nicht von direkten Systemen. Je geringer der Wärmebedarf eines Gebäudes ist, um so weniger passive Sonnenenergie läßt sich nutzen.

4.2   Aktive Nutzung der Sonnenenergie

Da zwischen der aktiven Nutzung der Sonnenenergie und dem Niedrigenergiehaus, vor allem seiner Gebäudehülle, keine direkten Zusammenhänge bestehen, soll an dieser Stelle am Beispiel eines Einfamilienhauses nur grob abgeschätzt werden, wie hoch das Energiesparpotential ist.

4.2.1   Solare Brauchwassererwärmung

Ein Vierpersonenhaushalt im Einfamilienhaus benötigt im Durchschnitt pro Person etwa 50 Liter warmes Wasser pro Tag mit einer Temperaturerhöhung um 30 K gegenüber dem kalten Leitungswasser. Unter Zugrundelegung dieser Verbrauchsgewohnheiten und eines modernen Niedertemperaturkessels mit indirekt beheiztem Speicher entsteht ein jährlicher Heizölverbrauch von 350 Litern. Wenn bei guten Solaranlagen ein Deckungsgrad von etwa 60 % zugrunde gelegt werden kann, so spart man etwa 200 Liter Heizöl pro Jahr ein. Bei momentanen Öl- beziehungsweise Gaspreisen ist dies eine Einsparung von etwa 100,– DM pro Jahr. Die Mehrkosten für die Investition einer Brauchwassersolaranlage liegen jedoch bei 10 000,– bis 15 000,– DM.

Auch wenn vom Autor der Standpunkt vertreten wird, daß in vielen Fällen Energie- und Umweltschutzmaßnahmen auch dann durchgeführt werden müssen, wenn sie nicht wirtschaftlich sind, so sollten zunächst alle anderen Möglichkeiten zur Energieeinsparung realisiert beziehungsweise weiter verbessert werden, bevor eine Solaranlage eingebaut wird. Solare Brauchwasseranlagen sind dann günstiger, wenn überdurchschnittliche Verbrauchswerte vorliegen oder wenn ein alter nicht mehr zeitgemäßer Kessel mit sehr schlechtem Wirkungsgrad dadurch im Sommer außer Betrieb genommen werden kann. Im letzteren Fall empfiehlt es sich jedoch, zuerst den Kessel zu erneuern und dann an eine Solaranlage zu denken.

Sinnvoll sind Solaranlagen für Brauchwasser auch, wenn ein Niedrigenergiehaus ausschließlich mit Holz beheizt werden soll und dadurch im Sommer der Heizkessel nicht befeuert werden muß.

4.2.2 Heizen mit Sonnenenergie

Da sich im Niedrigenergiehaus die Heizperiode sehr stark verkürzt, ist die Solarenergienutzung für die Heizung nur innerhalb der fünf kältesten Monate im Jahr interessant. Hier weisen jedoch Kollektoren sehr schlechte Wirkungsgrade auf, und das Solarangebot ist darüber hinaus äußerst gering. Würde eine ohnehin vorhandene Brauchwassersolaranlage in der Kollektorfläche um etwa 50 % vergrößert und ein zusätzlicher 1 000-Liter-Solarpufferspeicher im Heizkreislauf eingebaut werden, so könnte man im Einfamilienhaus mit einer Heizöleinsparung von maximal 50 Litern jährlich rechnen.

Durchaus sinnvoll ist eine Solarheizung in Verbindung mit einer Holzheizung, da dann im Niedrigenergiehaus der Betrieb des Holzkessels auf etwa fünf Monate im Jahr reduziert werden kann. Auch wenn außerhalb dieser Zeit nicht viel Brennstoff eingespart wird, so wird die Holzheizung von den Bewohnern eher akzeptiert, wenn in der Übergangszeit kein Holz gefeuert werden muß.

4.2.3 Solare Nahwärme

Wie in den vorigen Abschnitten beschrieben wurde, bringt die Solarenergie bezüglich Brauchwasserwärmung und Heizung im Einzelgebäude sehr wenig. Der Durchbruch der thermischen Solarenergie kann dagegen eher im Rahmen einer solaren Nahwärmenutzung erfolgen. Dabei müssen 200 bis 300 Wohneinheiten an eine große Solaranlage angeschlossen werden. Der Speicher wird dann so groß, daß er im Verhältnis zum Speichervolumen kaum noch Warmeverluste beinhaltet. Dabei wird der Effekt ausgenutzt, daß sich ein Speicher bei der Vergrößerung im Volumen mit der dritten Potenz und in der Oberfläche nur mit dem Quadrat vergrößert. In dieser Größenordnung ist es dann möglich, über sehr preiswerte Kollektoren im Sommer die Wärme zu erzeugen und in einem solchen Großspeicher mit nur etwa 10 % Speicherverlusten für den Winter zu speichern.

Ein weiterer Vorteil ist, daß eine solche zentrale Solaranlage wesentlich kostengünstiger installiert werden kann und nicht in jedem Gebäude ein einzelner Heizkessel samt Öltank beziehungsweise Gasanschluß, Schornstein und dergleichen nötig ist.

Ein großer Heizkessel kann die Restwärme wesentlich preisgünstiger bereitstellen. Man kann davon ausgehen, daß bei solchen Systemen die Solarwärme heute schon ohne Zuschüsse zum etwa doppelten Fernwärmepreis angeboten werden kann, was gegenüber anderen Solarsystemen relativ preiswert ist. Die Tendenz ist stark sinkend, je mehr solche Systeme ausgeführt werden.

5 Raumklimatische und gesundheitliche Aspekte

5.1 Allgemeines

Bewohner und Besucher von Niedrigenergiehäusern äußern sich sehr positiv über das angenehme Raumklima.

Sämtliche Außenbauteile wie Fenster, Außenwände, Fußböden und dergleichen sind angenehm warm. So unterscheiden sich die Oberflächentemperaturen von Außenwänden kaum noch von den Temperaturen der Innenwände. Ähnlich verhält es sich mit gut gedämmten Fußböden, die selbst gegen Keller oder Erdreich angenehm warm sind. Man kann sich deshalb sogar in unmittelbarer Nähe von Außenbauteilen sehr wohl fühlen. Bezüglich der Möblierung gibt es im Niedrigenergiehaus mehr Spielraum. So sind Feuchteschäden in Folge von Oberflächenkondensation hinter Möbeln ausgeschlossen.

Zugerscheinungen gibt es im Niedrigenergiehaus nicht. Die kontrollierte Lüftung sorgt für eine gleichmäßige und zugfreie Lüftung auf relativ niedriger Dauerstufe. Undichtigkeiten müssen ohnehin vermieden werden, so daß auch hier keine Zugerscheinungen vorhanden sind. Da die Temperaturdifferenz zwischen Innen- und Außenbauteilen sehr gering ist, kann auch dadurch bedingt keine Zugluft entstehen. Die Luftfeuchte liegt nicht nur im bautechnisch, sondern auch im physiologisch günstigen Bereich. Die Luftwechselrate kann so einreguliert werden, daß weder zuviel noch zu wenig gelüftet wird und somit die Luft weder zu trocken noch zu feucht ist.

Die oft überbewerteten, wenn nicht sogar von vielen mißverstandenen Schlagwörter »Atmungsfähigkeit« und »Strahlungswärme« werden nachfolgend ausführlicher betrachtet.

5.2 Atmungsfähigkeit von Außenbauteilen

Genau betrachtet gibt es die Atmungsfähigkeit von Außenbauteilen nicht, zumindest nicht als das, was oft darunter verstanden wird: Luftaustausch durch die Gebäudehülle oder Wasserdampfdiffusion, die einen nennenswerten Beitrag zur Entfeuchtung der Wohnung leisten soll.

Wie bereits bei den Ausführungen im Abschnitt 2.3 »Luft- bzw. Winddichtigkeit« zum Thema Feuchtekonvektion erwähnt, muß die Gebäudehülle zur Vermeidung eines unkontrollierten Luftwechsels und von Feuchteschäden luftdicht gestaltet sein.

Der Wasserdampf, der durch Außenbauteile hindurchdiffundiert, liegt bei maximal 1 bis 2 % des in einer durchschnittlich belegten Wohnung erzeugten Wasserdampfes. Die restliche Feuchte muß durch Lüftung abgeführt werden. Die geringe Menge an Wasserdampf, welche durch die Außenbauteile hindurchdiffundiert, kann jedoch bei falschem Wandaufbau schlimme Feuchteschäden verursachen. Sofern die Dampfsperre lediglich als Diffusionssperre dienen soll und nicht zugleich die einzige luftdichte Schicht des Bauteils darstellt, können kleinere Beschädigungen bei den meisten Konstruktionen ohne weiteres toleriert werden. Durch die Beschädigungen kann dann entsprechend den Flächenanteilen zum unbeschädigten Querschnitt Wasserdampf eindiffundieren, welcher sich jedoch an der Konstruktion quer verteilt und somit nicht zur Kondensation führt.

Bezeichnenderweise unterscheiden sich Ziegel von anderen Mauerwerkssteinen nicht. Werden diffusionsdichtere Konstruktionen ausgeführt, zum Beispiel Betonwände, Wärmedämmungen aus Hartschäumen oder Dampfsperren eingebaut, so kann im Extremfall durch die Dampfsperre kein Wasserdampf mehr hindurchdiffundieren. Die Konsequenz für den Bewohner bedeutet, daß er etwa 1 % mehr lüften muß. Dies ist jedoch eine Größenordnung, die vernachlässigbar, ja sogar überhaupt nicht handhabbar ist. Auf den Prozentpunkt genau läßt sich weder ein Fenster öffnen noch die Luftmenge einer kontrollierten Lüftung einstellen.

Insofern sollte man bei der Konstruktion eines Niedrigenergiehauses nicht die Gedanken in Richtung einer diffusionsoffenen Gebäudehülle verschwenden, sondern Konstruktionen wählen, welche möglichst kostengünstig und gegebenenfalls auch platzsparend die gewünschten k-Werte erreichen. Die Gefahr, daß trotz zunächst richtigen Wandaufbaus doch Feuchteschäden durch innere Kondensation entstehen, ist bei diffusionsoffenen Konstruktionen aufgrund des um ein Vielfaches höheren Diffusionsstroms viel größer als bei Konstruktionen mit beschädigter Dampfsperre.

Was allenfalls eine Veränderung für das Raumklima bedeutet, ist die Sorptionsfähigkeit (Wasserdampfaufnahme- und -abgabe) der Oberflächen. Bei geringer Sorptionsfähigkeit wäre die Luft vor dem Lüften sehr feucht und nach dem Lüften sehr trocken.

Dieser Effekt spielt sich jedoch vor allem auf der Bauteiloberfläche ab, höchstens innerhalb der ersten 5 bis 10 mm der raumseitigen Verkleidung. Ob sich darunter eine Dampfsperre beziehungsweise mehr oder weniger sorptionsfähige Baustoffe befinden, spielt keine Rolle mehr. Die Zeitkonstanten, um diese Speicherkapazität zu nutzen, sind viel zu lang und daher uninteressant. Auch spielt es keine Rolle, ob diese Speicherkapazität an jedem Bauteil vorhanden ist oder ungleichmäßig über den Raum verteilt wird. Denkbar wären auch Bauteile mit so gut wie nicht sorptionsfähigen Oberflächen und dafür eine sorptionsfähige Inneneinrichtung. Je gleichmäßiger die Feuchteproduktion und Feuchteabfuhr (zum Beispiel durch kontrollierte Lüftung) ist, um so weniger wichtig ist die Sorptionsfähigkeit. Man sollte dieses daher auf keinen Fall überbewerten.

5.3   Strahlungswärme

Heizungssysteme können auf zweierlei Arten Wärme an den Raum abgeben: durch
Wärmestrahlung und Konvektion (Lufterwärmung). Der Begriff »Strahlungswärme«
wird in Verbindung mit Gebäuden mit reduziertem Wärmebedarf sowie in Niedrigenergiehäusern überstrapaziert.

Auch wenn grundsätzlich Strahlungswärme angenehmer empfunden wird als Kon-
vektionswärme, so darf diese doch nicht nur auf die Wärmeabgabe des Heizungssystems bezogen werden. Es ist das gesamte Strahlungsklima eines Raumes zu
berücksichtigen. Dabei gibt die mittlere Oberflächentemperatur aller Bauteile
einschließlich Heizflächen den Ausschlag. Des weiteren spielt die Lufttemperatur
sowie die Luftgeschwindigkeit eine Rolle. Je höher die gemittelte Oberflächentemperatur ist, um so niedriger kann die Lufttemperatur sein.

Da im Niedrigenergiehaus sehr wenig Wärme abgegeben werden muß, ist die dadurch bedingte Luftbewegung selbst bei Konvektionsheizungen sehr gering. Man
muß feststellen, daß sich durch die verbesserte Dämmung der Außenbauteile und
die wesentlich geringere Wärmeabgabe im Niedrigenergiehaus die Schere zwischen
Strahlungsheizung und Konvektionsheizung stark schließt. Man kann sogar behaup-
ten, daß Niedrigenergiehäuser mit Konvektionsheizung ein angenehmeres Raumklima darstellen als nicht gedämmte Altbauten mit Strahlungsheizung. Beides zusammen, also Niedrigenergiebauweise und Strahlungsheizung, bringt dann kaum noch
einen Vorteil.

Wärmeabgabe über große Strahlungsheizflächen (zum Beispiel großflächige und
einlagige Plattenheizkörper) bieten sich bei Räumen mit mehr als eingeschossiger
Höhe an, so daß die Wärme nicht sofort nach oben steigt. Bei solch offener Bauwei-
se muß sogar strikt darauf geachtet werden, daß Heizkörper mit höherem Konvek-
tionsanteil nur dort angebracht werden, wo die Decke darüber in normaler Höhe
geschlossen ist. Ansonsten würde die konvektiv abgegebene Wärme nach oben
steigen und zunächst das obere Geschoß beheizen, so daß eine starke Temperaturschichtung entstände. Die Beheizung solcher Räume kann man dadurch in den
Griff bekommen, daß man im Bereich mit höherer Raumhöhe grundsätzlich nur Heizkörper mit hohem Strahlungsanteil einbaut und den vollen Wärmebedarf des jeweiligen Raumes von unten her abdeckt.

Heizkörper im oberen Geschoß sollten bezüglich ihrer Heizleistung nicht zur Auslegung hinzugerechnet werden.

5.4 Gesundheits- und Umweltverträglichkeit von Dämmstoffen

Des öfteren werden Dämmstoffe als gesundheits- beziehungsweise umweltschäd-lich angesehen. Bei genauer Betrachtung trifft dies jedoch nur auf sehr wenige Dämmstoffarten zu. Die meisten gebräuchlichen Dämmstoffe sind unbedenklich, besonders wenn sie richtig eingebaut sind.

Mineralfaserdämmstoffe

Mineralfaserdämmstoffe wurden bezüglich der Arbeitsschutzvorschriften (maxima-le Arbeitsplatzkonzentration MAK) als krebserregend eingestuft. Weil jedoch kein Beweis für die Krebsgefahr dieser Stoffe erbracht werden konnte, wurde 1993 eine neue Klasse mit der Bezeichnung »als ob krebserregend« geschaffen. Eigentlich ist dies ein Hinweis dafür, daß die Gefahr durch Mineralfaserdämmstoffe nicht genü-gend stichhaltig ist.

Die Versuche, wie sie mit Ratten durchgeführt wurden, welchen Mineralfasern unter die Bauchdecke gespritzt wurden, sind nicht auf den Menschen übertragbar, da sich Mineralfasern in der Körperflüssigkeit in wenigen Wochen auflösen und bei Men-schen die Tumorbildung wesentlich länger dauert, bei Ratten jedoch nur wenige Ta-ge. So ist die Tumorbildung bei Ratten nicht verwunderlich, bei Menschen jedoch praktisch ausgeschlossen. Ferner teilen sich Mineralfasern nur quer zur Faser und können sich nicht in der Lunge festhaken. Asbestfasern dagegen teilen sich längs zur Faser, und es können feine Faserteile abstehen, welche sich im Gewebe und an den Flimmerhärchen festhaken, wo sie über Jahrzehnte verbleiben. Auch statisti-sche Untersuchungen an Personen, welche bei der Produktion von Mineralfasern relativ hohen Faserkonzentrationen ausgesetzt waren, widerlegen ein höheres Lun-genkrebsrisiko dieser Personengruppen. Wenn bei solchen Untersuchungen deut-lich höhere Lungenkrebsraten zu verzeichnen waren, so hat sich jeweils herausge-stellt, daß diese Personen zumindest früher mit Asbest gearbeitet haben.

Während des Jahres 1995 hat die Mineralfaserindustrie so gut wie alle Hochbau-produkte auf noch schneller biolösliche Fasern umgestellt. Wenn die bisherigen Fa-sern eine Bioresistenz von 80 bis 100 Tagen hatten, so reduziert sich diese inzwi-schen auf 8 bis 10 Tage. Diese mit Ki 40 bezeichneten Dämmstoffe fallen nicht mehr unter die MAK-Klassifizierung und können als unbedenklich angesehen werden.

Hartschäume

Hartschäume können prinzipiell giftige Dämpfe abgeben. Zahlreiche Untersuchun-gen belegen jedoch, daß sich dies zumindest unterhalb der Nachweisbarkeitsgren-ze abspielt.

Ferner ist dies kein Problem, wenn diese Dämmstoffe im Außenbereich eingesetzt werden. Im Innenbereich besteht auch keinerlei Gefahr, da bei richtigem Einbau Dämmstoffe hinter einer Dampfsperre und in den meisten Fällen hinter Gipsplatten oder unter Estrichen oder dergleichen eingebaut sind. Bezüglich des Brandschutzes empfiehlt es sich, Hartschäume gegenüber den Wohnräumen mit nicht brennbaren Baustoffen zu verkleiden. Es hat sich gezeigt, daß im Brandfall, besonders bei Polystyrol-Hartschaum, keine giftigeren Gase entstehen als bei der Verbrennung von Holz, vor allem keine Dioxine, welche unter die Gefahrstoffverordnung fallen. Kritisch sind im Brandfall eher Kunststoffe, wie zum Beispiel PVC, welche für Wärmedämmzwecke ohnehin nicht eingesetzt werden.

Weiße Hartschäume (Styropor) wurden noch nie mit FCKW, sondern immer schon mit Pentan geschäumt und stellen diesbezüglich für die Umwelt und die Bewohner keine Gefahr dar. Andersfarbige Hartschäume waren bisher in der Regel mit FCKW geschäumt. Die Produktion dieser Dämmstoffe ist zumindest grundsätzlich auf HFCKW umgestellt worden. Diese HFCKWs sind weniger schädlich für die Ozonschicht, sollten jedoch trotzdem nicht eingesetzt werden. Viele dieser Dämmstoffe werden inzwischen jedoch auch mit harmlosen Stoffen wie H_2O, Pentan und dergleichen geschäumt. Beim Kauf von Dämmstoffen sollte man sich die FCKW- beziehungsweise HFCKW-Freiheit der verwendeten Stoffe bestätigen lassen. Sicherlich ist es nur noch eine Frage der Zeit, bis HFCKWs als Treibgas überhaupt nicht mehr verwendet werden. Der Gesetzgeber hat das zeitliche Limit hierfür leider erst auf das Jahr 2005 festgesetzt.

Schadstoffbilanz

Auch wenn bei der Produktion von Dämmstoffen gewisse Schadstoffemissionen nicht ganz vermeidbar sind, so ist dies jedoch nur ein Bruchteil dessen, was ein Dämmstoff innerhalb seiner Lebensdauer an Schadstoffen über die Energieeinsparung vermeidet.

Primärenergiegehalt von Dämmstoffen

Der Energieaufwand zur Herstellung der gebräuchlichen Dämmstoffe ist so gering, daß er sich teilweise in weit weniger als einer Heizperiode energetisch amortisiert (Quelle: Bauphysik, Berlin, Oktober 1982). Auch wird zur Herstellung eines dünnen Mauerwerkes mit dicker Dämmung viel weniger Primärenergie benötigt als zur Herstellung einer wesentlich dickeren Wand aus einem monolithischen Mauerwerk ohne zusätzliche Dämmung.

6 Mehrkosten der Niedrigenergiebauweise

6.1 Allgemeines

Am zweckmäßigsten werden die Mehrkosten für Niedrigenergiebauweise bei Wohnhäusern auf die Wohnfläche bezogen. Die Angaben prozentualer Mehrkosten haben sich als wenig praktikabel erwiesen, da zum Beispiel bei denselben Niederigenergiemaßnahmen ein in der Ausstattung sehr bescheidenes und wenig Nebenräume beinhaltendes Mehrfamilienhaus (zum Beispiel Sozialwohnungen) sehr hohe Prozentsätze und ein luxuriös ausgestattetes Einfamilienhaus mit vielen Nebenräumen sehr niedrige Prozentsätze ergeben würde.

Gegenüber dem Standard der Wärmeschutzverordnung von 1994/95 können Niedrigenergiehäuser oft sogar mit Mehrkosten von lediglich 50,– DM pro Quadratmeter Wohnfläche erstellt werden.

Diese Zahlen sollen jedoch keine allgemein gültige Aussage darstellen, sondern eher für alle am Bau Beteiligten Hinweise geben, bei höheren Mehrkosten den Entwurf, das Dämmkonzept, die Anlage zur kontrollierten Lüftung sowie die Heizungstechnik nochmals kritisch zu beleuchten, um gegebenenfalls vermeidbare Kosten einzusparen. Selbstverständlich müssen beim Niedrigenergiehaus Einsparungen, zum Beispiel durch eine kleiner dimensionierte Heizung, berücksichtigt werden.

Im Zusammenhang mit Niedrigenergiehäusern werden oft Mehrkosten genannt, welche die hier angegebenen Größenordnungen um ein Vielfaches übersteigen. Hierbei muß ganz deutlich unterschieden werden zwischen Kosten, die zur Erreichung des Niedrigenergiestandards führen, und Kosten, die aus architektonischen Gründen entstehen. So hat eine Aufsparrendämmung im Zusammenhang mit sichtbaren Sparren nichts mit Niedrigenergiebauweise, sondern mit Architektur zu tun. Dasselbe gilt für sichtbares Verblendmauerwerk im Außenbereich, welches im süddeutschen Raum unter Umständen allein soviel kostet wie eine gut gedämmte verputzte Wand.

Auch bei der Lüftungsanlage werden oft überhöhte Preise bezahlt.

Holzskelettbauten können dann preiswerter als Massivbauten sein, wenn alle konstruktiven Holzteile wie Pfosten, Balken, Sparren und dergleichen mit Gipsplatten verkleidet werden und dann nicht mehr sichtbar sind. Dann ist meist auch die Luftdichtigkeit der Gebäudehülle gewährleistet, während dies bei sichtbaren Holzbauteilen nur mit erhöhtem Aufwand erreicht werden kann. Bei sichtbaren Holzbauteilen müssen dann, was Trocknung beziehungsweise Feuchtegehalt des Holzes angeht, strengere Maßstäbe angesetzt werden, wodurch höhere Kosten entstehen. Insofern kann grob gesagt werden, daß Holzbauten nur dann preiswerter sind, wenn die konstruktiven Hölzer nicht sichtbar sind. Andernfalls besteht sogar die Gefahr, daß ein Holzbau teurer wird als wird als ein Massivbau.

Wer ein Niedrigenergiehaus baut oder einen Altbau entsprechend saniert, kann Zuschüsse erhalten. Im allgemeinen werden die Zuschüsse dann gewährt, wenn die Vorgaben an den Heizwärmebedarf nach der Wärmeschutzverordnung um 25 oder 30 % unterschritten werden. Auch Solarenergie, Brennwerttechnik, kontrollierte Lüftung (gegebenenfalls mit Wärmerückgewinnung), Gasanschluß beziehungsweise Umstellung auf Erdgas werden teilweise bezuschußt. Die Zuschußprogramme sind jedoch meist nur über kürzere Zeitspannen angelegt und örtlich sehr unterschiedlich. Deshalb kann jedem Bauherren nur geraten werden, bezüglich der einzelnen angestrebten Maßnahmen sich sowohl auf Bundes-, Länder-, und Gemeindeebene zu informieren, was jeweils bezuschußt wird. Auch Energieversorgungsunternehmen sowie das Finanzamt beziehungsweise der Steuerberater sollten in diesem Zusammenhang angesprochen werden.

6.2   Kostenrelationen einzelner Maßnahmen

Nachfolgend soll auf einzelne Details des Niedrigenergiehauses und die möglichen Mehrkosten beziehungsweise Einsparungen eingegangen werden. Es werden bewußt nicht die absoluten Kosten, sondern nur die Mehrkosten angegeben, da dies für die kostengünstige Planung von Niedrigenergiehäusern eine übersichtlichere Hilfe darstellt. Die Kosten sind auf der Preisbasis kalkuliert, welche im Raum Stuttgart bei kleineren Bauvorhaben (zum Beispiel Einfamilienhäusern, kleineren Mehrfamilienhäusern und dergleichen) zur Zeit gegeben sind.

- Bei Fenstern sind die Mehrkosten, um einen k_V-Wert von 1,1 W/m^2 K zu erhalten, gegenüber Gläsern, welche mit Holz-, Kunststoff- oder auch gut thermisch getrennten Metallrahmen gerade den von der Wärmeschutzverordnung (leider nur für die Bestandserneuerung) vorgeschriebenen Grenzwert von 1,8 W/m^2 K einhalten, auf etwa 15,– DM pro m^2 Glasfläche zu beziffern. Umgerechnet auf die Fensterfläche (Rohbauöffnung) sind dies oft nur Mehrkosten von 10,– bis 12,– DM/m^2. Die Mehrpreise für bessere Verglasungen gegenüber den oben angeführten Standardverglasungen betragen zum Beispiel 100,– DM/m^2 für einen k_V-Wert von 0,7 W/m^2 K oder 200,– DM/m^2 für einen k_V-Wert von 0,4 W/m^2 K.

- Eine Fenstertür mit Mehrfachverriegelung und nicht transparenter Bekleidung aus Sperrholz mit dazwischenliegender Mineralwolle und Dampfsperre kostet etwa 800,– DM. Wird diese Tür im Innenbereich eingebaut und nicht der Witterung ausgesetzt, so können Wetterschenkel und dergleichen entfallen. Auch könnten etwas einfachere Profile gewählt werden. Eine weitere Kosteneinsparung wäre gegeben, wenn anstelle des Sperrholzes auf einer Seite Spanplatten oder sogar Hartfaserplatten verwendet werden. Bei Kellertüren oder Türen in Nebenräumen wäre diese Vereinfachung durchaus denkbar.

- Sofern auf Rolläden verzichtet werden kann, sollte man überlegen, statt dessen bessere Verglasungen einzubauen. Der Mehrpreis einer Verglasung mit k-Wert 0,7 gegenüber 1,1 beziehungsweise 1,3 W/m^2 liegt, wie oben schon erwähnt bei etwa 100,– DM/m^2. Einen hochwertigen Rolladen erhält man für diesen Preis nicht.

- Bei gemauerten Außenwänden ist eine Kostenrelation nur sehr schwierig anzugeben. Dennoch sollen zum Beispiel für eine Wand, welche heute normalerweise gemauert wird (36,5 cm porosierter Ziegel), die Kosten mit etwa 310,– DM/m^2 beziffert werden. Dieser Preis beinhaltet einen durchschnittlichen Anteil für Dämmungen an Wärmebrücken mit einer Stärke von etwa 5 cm, bezogen auf die Wärmeleitfähigkeitsgruppe 040. Eine 36,5 cm dicke Wand aus Gasbeton, Bims oder dergleichen, welche ohne zusätzliche Dämmung einen k-Wert von etwa 0,3 W/m^2 K erreicht, kostet demgegenüber einschließlich Berücksichtigung von mindestens 10 cm dicker Dämmung an Betonbauteilen 20,– DM mehr. Verwendet man dagegen ein Hohlblockmauerwerk mit einer Dicke von 17,5 cm und ein Wärmedämmverbundsystem als Außendämmung mit einer mindestens 12 cm dicken Schicht aus Polystyrol-Hartschaum, so liegen die Kosten für die gedämmte Außenwand bei nur etwa 260,– DM/m^2 und der k-Wert bei 0,28 W/m^2 K.
Dies zeigt, daß Außenwände mit sogar sehr guten Dämmeigenschaften nicht unbedingt zu einer Verteuerung der Baukosten führen müssen. Mit einem monolithischen Mauerwerk käme man nur dann preiswerter, wenn porosierte Ziegel mit einer Dicke von lediglich 24 cm verwendet würden. Der k-Wert läge jedoch hier bei bestenfalls 0,55 W/m^2 K, für das Niedrigenergiehaus also viel zu schlecht.

- Im Falle des 17,5 cm dicken Mauerwerks mit Außendämmung lohnt es sich, verschiedene Mauerwerksmaterialien (beispielsweise Hohlblock, porosierter Ziegel, Hochlochziegel, Gasbeton und dergleichen) alternativ auszuschreiben. Genauso sollten die Preise verschiedener Dämmstoffdicken abgefragt werden. Dann hat man die Möglichkeit, kostengünstig Mauerwerksmaterialien und Dämmschichtdicken zu kombinieren.

- Bei einem Wärmedämmverbundsystem mit Polystyrol-Hartschaum kostet 1 cm mehr Dämmstärke etwa 1,50 DM/m^2. Falls zusätzlich gedübelt werden muß, sind 10,– DM/m^2 erforderlich. Die zusätzliche Dübelung hängt nicht zwangsläufig von der Dämmschichtdicke ab. Bei Dämmschichtdicken von 12 cm oder mehr kommen viele Hersteller noch ohne Dübelung aus. Die Dübelung ist eher dann nötig, wenn der Untergrund (zum Beispiel beim Altbau) nicht geeignet ist oder es sich um sehr hohe Gebäude handelt.

- Sogenannte Wärmedämmputze, welche aus einer mineralischen Putzmasse und Beimengung von Dämmstoffpartikeln bestehen, bringen bei derselben Dicke nur etwa die halbe Dämmwirkung und sind in der Dämmschichtdicke begrenzt. Im Verhältnis zu ihrer Dämmwirkung sind diese Wärmedämmputze sogar teurer als Wärmedämmverbundsysteme. Abgesehen davon tragen sie unnötig dick auf.

- Wenn als raumseitige Verkleidung (zum Beispiel in Dachschrägen) eine etwa 2,5 cm dicke Lattung als Unterkonstruktion für Gipsplatten vorgesehen ist, so führt eine Verstärkung dieser Lattung auf 5 cm einschließlich Einbringen von Mineralfaserdämmstoff in den Zwischenräumen zu Mehrkosten von 8,– DM pro Quadratmeter. Die Mehrkosten für 8 cm würden sich auf 13,– DM/m^2 belaufen.

- Eine zusätzliche Schicht Spanplatten und 5 cm Polystyrol-Hartschaum (Styropor) oberhalb der Dachsparren führt zu Mehrkosten von 20,– DM/m^2, bei 10 cm Dämmung zu 28,– DM/m^2.

- Beim Flachdach muß pro Zentimeter Verstärkung der Dämmung mit 1,50 DM/m^2 gerechnet werden, sofern Polystyrol-Hartschaum eingesetzt wird, bei Polyurethan-Hartschaum etwa 4,– DM/m^2, bei extrudiertem Polystyrol-Hartschaum (zum Beispiel Umkehrdach) 5,– DM/m^2.

- Ein Umkehrdach, bei dem der Dämmstoff im nassen Bereich, oberhalb der in diesem Fall einzigen Lage Dachbahnen liegt, ist in der Regel sogar preiswerter als ein konventionell aufgebautes Flachdach.

- Wird im Fußboden gegen Erdreich oder auf der Betondecke zwischen Rohdecke und schwimmendem Estrich eine zusätzliche Dämmschicht aus Polystyrol-Hartschaum eingebracht, so kostet diese bei einer Dicke von 5 cm etwa 8,– DM mehr. Würde eine entsprechende Dämmung unterhalb der Bodenplatte angebracht werden, so würden sich die zusätzlichen Kosten hierfür auf 25,– DM/m^2 belaufen.

- Wird im Untergeschoß eine betonierte Wand nicht verputzt, sondern mit einer Innendämmung versehen, so kostet diese Innendämmung bei 10 cm Dämmschichtdicke abzüglich des eingesparten Innenputzes 65,– DM/m^2 mehr, sofern Platten aus Polystryrol-Hartschaum mit Klebemörtel und darauf in gleicher Art und Weise Verbundplatten aus Gipskartonplatten, Dampfsperre und Mineralfaserdämmstoff angebracht werden. Dabei ist anzumerken, daß es die bezüglich der Schallängsleitung günstigen Verbundplatten mit Mineralfaserdämmstoff lediglich bis zu einer Dämmschichtdicke von 50 mm gibt. Verbundplatten mit Polystyrol-Hartschaum (einschließlich Dampfsperre) gibt es bis zu einer Dämmschichtdicke von 80 mm. Werden diese anstatt des normalen Innenputzes angebracht, so resultieren Mehrkosten von 20,– DM/m^2. Eine Verstärkung um weitere 5 cm durch vorheriges Anbringen von Polystyrol-Hartschaum mittels Klebemörtel führt zu Mehrkosten von 16,– DM/m^2.

- Eine Innendämmung aus 2 x 50 mm Mineralfaserdämmstoff zwischen kreuzweise verlegten Hölzern (untere Konstruktion mit doppeltem Abstand), einer Dampfsperre aus 0,2 mm Polyethylen-Folie und raumseitiger Verkleidung mit Gipsplatten kostet unter Berücksichtigung der Kosteneinsparung des Innenputzes 30,– bis 40,– DM/m^2, bei 2 x 80 mm Stärke etwa 40,– bis 50,– DM mehr als der normale Innenputz.

- Eine Lage Mineralfaserdämmstoff zwischen Kanthölzern mit einer Stärke zwischen 5 und 10 cm führt zu Mehrkosten von 15,– DM bis 25,– DM.

- Bei Dampfsperren genügen in den meisten Fällen einfache handelsübliche Polyethylen-Folien mit einer Dicke von 0,2 mm, welche zu einem Preis von weniger als 1,– DM pro m^2 erhältlich sind. Mit Verarbeitung sollen nicht mehr als 5,– DM bezahlt werden. Diese Folien sollten großflächig (Breite der Bahnen bis zu 4 m und Längen von 50 m oder mehr erhältlich) verlegt werden. Falls sie angesetzt werden, sollen sie gegen einen festen Untergrund gelattet und am Rand in andere Folien übergeführt beziehungsweise eingeputzt werden. In der Regel kann man sich teure Klebe- und Dichtungsbänder sparen. Dichtere Dampfsperren werden im Wohnungsbau nur benötigt, wenn auf der kalten Seite der Dämmung beziehungsweise der Konstruktion relativ dichte Bitumenschweißbahnen oder dergleichen verlegt sind. Hier muß dann, wie zum Beispiel in Schwimmbädern üblich, eine absolut dichte Dampfsperre mit 0,1 mm Alueinlage eingebaut werden.

- Eine kontrollierte Lüftung mit Wärmerückgewinnung im Einfamilienhaus mit 150 m^2 Wohnfläche sollte allerhöchstens 10 000,– DM kosten. Wenn oft Kosten zwischen 15 000 und 20 000,– DM genannt werden, so sind diese stark überhöht, beziehungsweise beinhalten Komponenten, welche nicht zwangsläufig nötig sind, den Energieverbrauch erhöhen und sogar bezüglich des Druckabfalls in der durch Ventilatoren aufzubringenden Leistung störend sind.

- Reine Abluftanlagen sind wesentlich preiswerter und verursachen pro Wohneinheit beziehungsweise Einfamilienhaus Mehrkosten von 2 000,– bis 3 000,– DM, bei Wohnungen mit innenliegenden Naßräumen oft nur 1 000,– DM.

- Preiswerte Heizkörper (beispielsweise fertiglackierte Plattenheizkörper) kosten für ein Niedrigenergie-Einfamilienhaus mit ca. 150 m^2 Wohnfläche unter Zugrundelegung einer Niedertemperaturauslegung auf maximal 65 oder 70 °C zwischen 3 000,– und 4 000,– DM. In vielen Fällen wird mehr als das Doppelte für die Heizkörper bezahlt, weil der Wärmebedarf nicht genau berechnet wurde.

7   Beispiele ausgeführter Bauvorhaben

Abb. 33:   Einfamilienhaus mit Büro des Autors in Winnenden – Nähe Stuttgart
            (Straßenseite)

Baujahr	1986
Bauart	Massivbau
Fenster	Holzfenster mit Wärmeschutzverglasung (k_V = 1,3 W/m^2 K)
Außenwände	36,5 cm Bims, teilweise auch Holzständerwände mit 20 cm Mineralfaser- dämmstoff
Dachschräge	20 cm Mineralfaserdämmstoff zwischen den Sparren
Lüfter	kontrollierte Lüftung mit Wärmerückgewinnung
Heizung	flüssiggasbefeuerte Brennwerttechnik

Abb. 34: Niedrigenergiehaus des Autors (Gartenseite)

Abb. 35:
Niedrigenergiehaus
des Autors
(Innenansicht:
integrierter Wintergarten)

Abb. 36:
Wärmetauscher der
kontrollierten Lüftung
im Niedrigenergiehaus
des Autors

Abb. 37:
Schallgedämmtes und
winddruckgeregeltes
Zuluftelement einer
kontrollierten Lüftung
(Abluftanlage)

Abb. 38:
Einzellüfter in den
Naßräumen bei
kontrollierter Lüftung
ohne Wärmerückgewinnung

Abb. 39:   Gemeindehaus-Neubau in Lauchheim-Westhausen

Architekten	Planungsgruppe Kruppa-Müller-Ziegler, Stuttgart
Baujahr	1991
Bauart	Holzskelettbau, Untergeschoß massiv
Fenster	Holzfenster mit Wärmeschutzverglasung
	(k_V= 1,3 W/m^2 K)
Außenwände	14 cm Mineralfaserdämmstoff zwischen den tragenden Holzelementen, innen, zwischen Querhölzern, zusätzlich 6 cm
Dachschräge	zwischen den Sparren 22 cm Mineralfaserdämmstoff, darunter zwischen Querhölzern 6 cm
Untergeschoß	wärmebrückenfreie Verlegung von mindestens 100 mm Mineralfaserdämmstoff an allen wärmeübertragenden Bauteilen der beheizten Räume
Lüftung	kontrollierte Lüftung ohne Wärmerückgewinnung
Heizung	erdgasbefeuerte Brennwerttechnik

Abb. 40:   Renovierung eines Altbaus in Adelsheim

Architekt   P. Stolz, Adelsheim
Baujahr   1700 oder früher
Jahr der
Renovierung   1994
Bauart   herkömmlicher Fachwerkbau, EG Natursteinmauerwerk
Fenster   Holzfenster mit Wärmeschutzverglasung
               ($k_v = 1,3 \, W/m^2 \, K$)
Außenwände   100 mm Innendämmung
Dachschräge   18 und 25 cm Wärmedämmung zwischen den Sparren
Lüftung   kontrollierte Lüftung ohne Wärmerückgewinnung
Heizung   erdgasbefeuerte Brennwerttechnik

Abb. 41:   Neubau von sechs Reihenhäusern in Schwäbisch Gmünd

Architekten   Planungsgruppe Kruppa-Müller-Ziegler, Stuttgart
Baujahr   1995
Bauart   Massivbau
Fenster   Holzfenster mit Wärmeschutzverglasung
                (k_V = 1,3 W/m^2 K)
Außenwände   17,5 cm Mauerwerk mit 14 cm Außendämmung
Dachschräge   20 cm Mineralfaserdämmstoff zwischen den Sparren,
                6 cm darunter zwischen Querhölzern
Lüftung   kontrollierte Lüftung mit Wärmerückgewinnung als Sonderwunsch
Heizung   erdgasbefeuerte Brennwerttechnik

Abb. 42:   Renovierung eines Dreifamilienhauses in Schwäbisch Gmünd

Baujahr   1959
Jahr der
Renovierung   1987
Fenster   Holzfenster mit Wärmeschutzverglasung
Außenwände   hinterlüftete Fassade mit 14 cm Mineralfaserdämmstoff
Dachschräge   8 cm Dämmung zwischen den Sparren,
              darunter 6 cm vollflächig
Lüftung   Fensterlüftung
Heizung   erdgasbefeuertes Brennwertgerät

Abb. 43:   Neubau eines Sechsfamilienhauses in Freiberg/N.

Architekt   B. Seitter, Ditzingen
Baujahr   1993
Bauart   Massivbau
Fenster   Holzfenster mit Wärmeschutzverglasung
                (k_v = 1,3 W/m^2 K)
Außenwände   Mauerwerk aus porosierten Ziegeln mit 12 cm Außendämmung
Dachschräge   20 cm Mineralfaserdämmstoff zwischen den Sparren
Lüftung   kontrollierte Lüftung ohne Wärmerückgewinnung
Heizung   erdgasbefeuerte Brennwerttechnik

Abb. 44:   Neubau eines Kindergartens in Ochsenhausen
                (zwischen Ulm und Friedrichshafen)

Architekt   W. Lehmann, Laupheim
Baujahr   1993
Bauart   Massivbau
Fenster   Holzfenster mit Wärmeschutzverglasung
                (k_v = 1,3 W/m^2 K)
Außenwände   Mauerwerk mit 12 cm Außendämmung
Dachschräge   18 cm Dämmung zwischen den Sparren,
                darunter 6 cm zwischen Querhölzern
Lüftung   kontrollierte Lüftung mit Wärmerückgewinnung
Heizung   erdgasbefeuerter Niedertemperaturkessel

Abb. 45:   Neubau eines Altenzentrums in Pliezhausen, Nähe Tübingen
              Gebäudeteil: Pflegeheim

Architekten   Dolmetsch + Haug, Metzingen
Baujahr   1993
Bauart   Massivbau
Fenster   Holzfenster mit Wärmeschutzverglasung
              (k_v = 1,3 W/m^2 K)
Außenwände   24 cm Kalksandsteine mit 12 cm Außendämmung
Dachschräge   18 cm Mineralfaserdämmstoff zwischen den Sparren,
              darunter 6 cm zwischen Querhölzern
Lüftung   kontrollierte Lüftung ohne Wärmerückgewinnung
Heizung   ölbefeuerter Niedertemperaturkessel,
              flüssiggasbetriebenes Blockheizkraftwerk geplant

Abb. 46:   Neubau eines Altenzentrums in Pliezhausen, Nähe Tübingen
                Gebäudeteil: Betreutes Wohnen

Architekten: Planungswerkstatt Dietz, Kirelli, Kroner, Hildrizhausen

Abb. 47:   Neubau eines Einfamilienhauses in Skelettbauweise in Kirchheim/T.,
                Nähe Stuttgart

Architekten   Planungsgruppe Kruppa-Ziegler-Müller, Stuttgart
Baujahr   1986
Bauart   Holzskelettbauweise
Fenster   Holzfenster mit Wärmeschutzverglasung
                (k_v = 1,3 W/m^2 K)
Außenwände   16 cm Mineralfaserdämmstoff zwischen den Sparren,
                innen 6 cm zwischen Querhölzern
Dachschräge   16 cm zwischen den Sparren und 6 cm zwischen Querhölzern
Lüftung   kontrollierte Lüftung mit Wärmerückgewinnung
Heizung   erdgasbefeuerte Brennwerttechnik

Abb. 48: Neubau eines Einfamilienhauses in Skelettbauweise in Kirchheim/T.,
Nähe Stuttgart
(siehe auch Abb. 47)

8 Ausblick auf andere Gebäudetypen

Bisher wurde aus Gründen der Überschaubarkeit nur auf den Wohnungsbau eingegangen. Das meiste und vor allem die Grundsätze sind auch auf andere Gebäudetypen übertragbar. Stellvertretend sollen ein Gemeindehaus als Gebäude für Versammlungszwecke sowie ein geplantes Bürogebäude beschrieben werden.

8.1 Gebäude für Versammlungszwecke

Hier soll ein bereits bestehendes Gemeindehaus vorgestellt werden, welches renoviert wurde.

Es wurde eine Innendämmung gewählt, weil es sich hier nur um gelegentlich beheizte Räume handelt und hierdurch erreicht werden soll, daß die jeweiligen Benutzer nur kurz vorher den Heizkörper öffnen müssen, um sehr schnell warme Räume zu bekommen. Im Falle einer Außendämmung hätte man vor der Nutzung eine gewisse Zeit vorheizen müssen, was jedoch einen Hausmeister bedingen würde, welcher praktisch während der ganzen Woche zur Verfügung stehen müßte.

Ähnlich verhält es sich bei der Lüftung: Die Notwendigkeit einer Lüftung wurde von der Bauherrschaft sehr schnell eingesehen, da vermieden werden sollte, daß über gekippte Fenster auch während der Nichtbenutzung von Räumen eine unnötige Auskühlung stattfindet. Mit einer kontrollierten Lüftung können nun die Räume so belüftet werden, wie sie auch belegt sind. Das Problem lag lediglich darin, wer die Lüftung jeweils in Betrieb nimmt. Dies wurde so gelöst, daß in Jugendräumen, Sitzungszimmern und ähnlichen Räumen Lüftungsanlagen über Bewegungsmelder in Betrieb genommen und über ein Nachlaufrelais zeitverzögert abgeschaltet werden, sobald keine Bewegung mehr stattfindet und die Räume nicht mehr benutzt werden. Toiletten wurden ebenfalls mit Bewegungsmeldern versorgt.

Beim Gemeindesaal handelt es sich um zwei Hälften, welche entweder getrennt oder auch zugleich als großer Saal benutzt werden.

Hier wurde mit sehr preiswerten Materialen (Rohrventilatoren, Rundrohre und dergleichen) für jede Hälfte eine getrennte Lüftungsanlage eingebaut. Normalerweise sind diese Ventilatoren auf eine sehr niedrige Stufe eingestellt, so daß die Luftwechselrate in der jeweiligen Saalhälfte für die alltäglichen Nutzungen wie Besprechungen, Gruppen, Posaunenchor und dergleichen ausreichend ist. Eingeschaltet werden diese Lüftungen für jede Saalhälfte getrennt wiederum über Bewegungsmelder. Sollte eine Veranstaltung stattfinden, bei welcher beide Saalhälften zusammen benutzt werden und mit einer sehr starken Belegung zu rechnen ist, steht eine Person mit eingeschränkter Hausmeisterfunktion zur Verfügung, welche die Trennwand öffnet und für diese Veranstaltung beide Lüftungsanlagen auf eine höhere Stufe sowie nach der Veranstaltung wieder zurück auf die niedrige Stufe stellt.

Dies ist ein Beispiel dafür, daß mit äußerst niedrigen Investitionskosten eine vollautomatisch und bedarfsabhängig geregelte Lüftungsanlage in ein Haus eingebaut werden kann.

Sehr viel Überzeugungsarbeit war nötig, da bei der Bauherrschaft zunächst der Eindruck vorhanden war, daß Gebäude mit Lüftungsanlagen grundsätzlich viel Wärmeenergie und viel Strom benötigen. Dies trifft bei sehr vielen konventionellen Bauten zu, wenn zum Beispiel eine Turnhalle mit einer Lüftungsanlage ausgestattet ist, welche zugleich Gruppenräume, innenliegende Naßräume und andere Nebenräume be- und entlüftet. Hier ist oft eine Lüftung nur dann möglich, wenn alle Räume zugleich belüftet werden. Meist wird, zumindest für gewisse Zonen, die Lüftung viel zu stark eingestellt, was neben hohen Wärme- und Stromverbrauchswerten auch zu einer hohen Luftwechselrate und dadurch zu sehr trockener Luft führt. Als Folge davon ist wiederum eine mit hohem Energieaufwand verbundene Befeuchtung nötig. Dies steht aber im krassen Gegensatz zu dem hier beschriebenen Objekt, welches in der jeweiligen Zone durch dezentrale Lüftungsanlagen nur dann belüftet wird, wenn auch wirklich die Luft verbraucht wird.

Abb. 49: Renoviertes Gemeindehaus

Für den Fall, daß trotz der Lüftungsanlage Fenster geöffnet werden, können in solchen Gebäuden zusätzliche Ventile eingebaut werden, so daß sich Heizkörper bei geöffnetem Fenster automatisch abstellen, damit während der Heizperiode, zumindest nicht während längerer Zeit, Fenster geöffnet werden.

Die Heizungsanlage wurde ebenfalls erneuert. Dadurch, daß alles exakt berechnet und genau geplant wurde, kostete die gesamte Heizungsanlage für dieses Gebäude lediglich 60 000,– DM. Die Lüftungsanlage verursachte Kosten von 23 000,– DM. Normalerweise wird in Gebäuden dieser Größenordnung allein eine Heizungsanlage schon auf 100 000,– DM geschätzt, wenn die Wärmedämmung bei den Heizkörpergrößen und der restlichen Heizungsanlage nicht mit eingerechnet wird. Ein relativ preiswerter sogenannter Kleinkessel mit 60 kW Wärmeleistung versorgt neben dem Gemeindehaus mit Wohnung auch den benachbarten Kindergarten.

8.2   Neubau eines größeren Bürogebäudes

Anhand dieses Beispieles soll gezeigt werden, welche Aspekte bei Gebäuden mit Büro- oder ähnlicher Nutzung beachtet werden müssen. Ziel dieser energietechnischen Planung sollte sein, daß das Gebäude einen niedrigen Gesamtenergieverbrauch aufweist. Darunter ist zu verstehen, daß die Summe aus Heizenergieverbrauch, Energie für die sommerliche Kühlung, Beleuchtung und Hilfsenergie für Pumpen, Ventilatoren und dergleichen möglichst gering gehalten wird.

Bei einer solchen gesamtheitlichen Betrachtung stellt sich dann heraus, daß bezüglich des gesamten Energieverbrauchs der Stromverbrauch für Beleuchtung, Klimaanlagen mit gegebenenfalls sommerlicher Kühlung mindestens genauso stark ins Gewicht fällt wie die während der Heizperiode anfallenden Transmissions- und Lüftungswärmeverluste.

Es wurde bei diesem Entwurf besonders darauf geachtet, daß im Sommer die internen Wärmequellen auf natürliche Art (Nachtlüftung über gekippte Fenster) abgeführt werden können und keine künstliche Kühlung notwendig wird.

Insofern wurde hier ein Konzept gewählt, welches niedrige Transmissions- und Lüftungswärmeverluste aufweist und durch bessere Tageslichtnutzung, guten sommerlichen Wärmeschutz und möglichst geringen Energieaufwand für die sommerliche Kühlung sogar mit weniger Gesamtenergieaufwand auskommt.

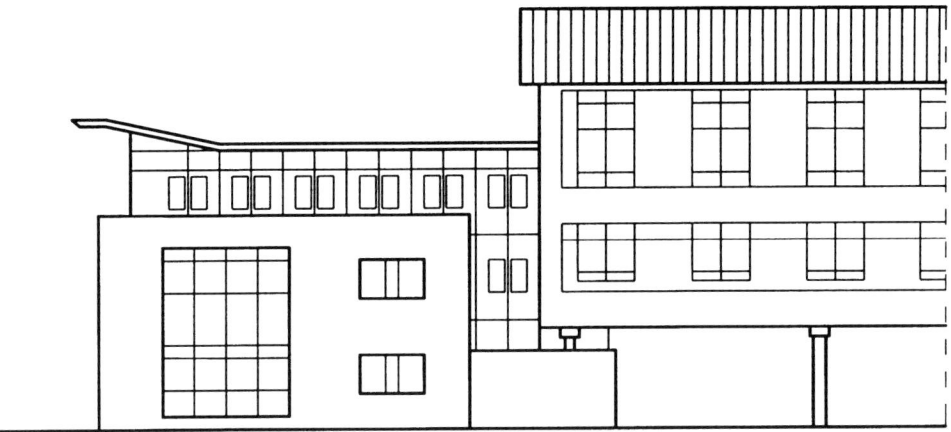

Abb. 50: Bürogebäude in Niedrigenergiebauweise

Bezüglich der internen Wärmequellen wurden zweierlei mögliche Wege berücksichtigt:

Zum einen wurde davon ausgegangen, daß durch mehr Büroelektronik die internen Wärmequellen stark ansteigen und somit relativ stark zur Deckung des Wärmebedarfs beitragen, daß sie jedoch im Sommer eine hohe Wärmelast darstellen.

Zum anderen könnte die Entwicklung auch so verlaufen, daß trotz vermehrten Einsatzes von Büroelektronik mit geringerer spezifischer Abwärme und durch bessere Beleuchtungs- und Belichtungssysteme (unter anderem auch Tageslichtsysteme) die internen Wärmequellen längerfristig (das heißt während der Nutzungsdauer des Gebäudes) auch stark zurückgehen können und somit in weit geringerem Umfang zur Deckung des Wärmebedarfs zur Verfügung stehen, im Sommer jedoch eine relativ geringe Wärmelast darstellen.

Bei beiden möglichen Entwicklungen soll der Gesamtenergieverbrauch günstig ausfallen.

Wärmedämmung

Es wurden folgende k-Werte eingehalten:

Fenster: 1,5 W/m^2 K
Außenwände: 0,3 W/m^2 K
Dächer: 0,2 W/m^2 K
Bauteile gegen Erdreich: 0,4 W/m^2 K

Lüftung

Damit die neue Wärmeschutzverordnung eingehalten werden kann, ist zwar eine kontrollierte Lüftung nicht als absolutes Muß zu sehen, jedoch sehr zweckmäßig, wenn ein Standard erreicht werden soll, welcher einen deutlich geringeren Energieverbrauch aufweist als der nach der Wärmeschutzverordnung geforderte. Insofern ist eine kontrollierte Lüftung (hier mit Wärmerückgewinnung) unumgänglich. Durch die kontrollierte Lüftung wird vermieden, daß über gekippte Fenster dauergelüftet wird und dadurch der Energieverbrauch stark ansteigt und andererseits die hygienisch notwendige Mindestluftwechselrate gewährleistet ist. Im Gegensatz zu Klimaanlagen soll bei diesem System nicht klimatisiert, sondern lediglich die notwendige Luftwechselrate zur Lufterneuerung gewährleistet werden.

Dadurch sind die Luftwechselraten wesentlich niedriger, so daß es auch nicht zu überstarken Luftbewegungen und Zugerscheinungen kommen kann. Im Gegensatz zur konventionellen Lüftungstechnik sollen hier für einzelne Nutzungsbereiche getrennte und sehr einfache Systeme vorgesehen werden, welche auch unabhängig voneinander in Betrieb genommen und geregelt werden können. Die Kosten für solche Systeme betragen nur einen geringen Teil der Kosten, welche eine konventionelle Lüftungstechnik verursachen würde.

Auch ist vorgesehen, daß die dezentralen Systeme die Frischluft gegebenenfalls direkt über Außenwandgitter ansaugen und die verbrauchte Luft möglichst über Außenwandgitter, und nicht aufwendig über Dach ausblasen. Diese dezentralen Systeme der kontrollierten Lüftung erlauben auch, mit einem Minimum an Kanalführung und sehr klein dimensionierten Kanälen auszukommen. Auch soll mit diesem dezentralen System vermieden werden, daß nur das gesamte Gebäude oder große Gebäudeteile gleichzeitig be- und entlüftet werden, sondern daß die jeweiligen Zonen sehr individuell geregelt werden können.

Eine kontrollierte Luftzuführung von den Hauptaufenthaltsräumen über Flure (gegebenenfalls Multizonen) und Absaugung in den Naßräumen erlaubt ein weiteres Absenken der Luftwechselrate, weil nur die Hauptaufenthaltsräume belüftet werden und durch die Querdurchströmung bedingt Verbindungs- und Naßräume praktisch gratis entlüftet werden.

Falls in Einzelfällen doch Fenster geöffnet werden, bricht das Lüftungssystem nicht zusammen, da es im Gegensatz zu einfachen Abluftanlagen Zuluftventilatoren besitzt.

Sommerlicher Wärmeschutz/Kühlung

Für einen zufriedenstellenden sommerlichen Wärmeschutz ist eine gut gedämmte Gebäudehülle sehr günstig. Ferner werden alle besonnten Fenster mit außenliegenden beweglichen und individuell einstellbaren Sonnenschutzelementen versehen sowie die Fenster so gestaltet, daß sie mittels Kippstellung in Sommernächten zur (kostenlosen) Querlüftung dienlich sind. Zusätzlich werden die massiven Betondecken nicht verkleidet, so daß sie als Speichermasse wirken. Von der Leistung der internen Wärmequellen wird es letztendlich abhängen, ob eventuell partiell gekühlt werden muß.

Wenn dies erforderlich ist, dann soll hier ein Kühlsystem nachgerüstet werden können, welches individuell für einzelne Zonen nach Bedarf eingesetzt und sparsam dosiert werden kann. Sofern wenig interne Wärmequellen vorhanden sind, läßt sich aufgrund der guten Dämmung in Verbindung mit Verschattung und Nachtlüftung die Tagestemperatur im Innern der Räume sogar in den oberen Geschossen deutlich unter der Außentemperatur halten. In ähnlichen Fällen konnte sogar die Innentemperatur auf 27 °C gehalten werden, wenn tagsüber Außenlufttemperaturen von 35 °C vorhanden waren. Insofern sollte zunächst einmal versucht werden, interne Wärmequellen zu begrenzen, anstatt in Lüftungstechnik zu investieren. Falls eine sommerliche Kühlung notwendig ist, so soll diese zumindest längerfristig mit Solarenergie versorgt werden.

Tageslichtnutzung

Ziel einer entsprechenden Tageslichtplanung soll sein, daß bei relativ kleinen Fensteröffnungen möglichst viel Tageslicht genutzt werden kann. Deshalb werden hier konsequent keine Verschattungen durch Balkone, Dachüberstände und dergleichen vorgesehen.

Putzbalkone werden als Gitterrostkonstruktionen ausgeführt, Dachvorsprünge gegebenenfalls aus verglasten Konstruktionen hergestellt. Verspiegelte Jalousien sollen das Sonnenlicht (besonders auch diffuse Strahlung) an die weißgestrichene Betondecke reflektieren und als diffuses Licht blendfrei im Raum verteilen.

Bezüglich Tageslichtnutzung ist zu beachten, daß nicht nur ohne Stromeinsatz Räume belichtet werden können, sondern hier auch, bezogen auf die erreichte Helligkeit, am wenigsten Abwärme entsteht.

Glühlampen haben auf die Lichtausbeute bezogen einen Wirkungsgrad von lediglich etwa 1 %, Leuchtstoffröhren maximal das Fünffache. Entsprechend den erreichten Wirkungsgraden fällt mehr oder weniger Abwärme an, die im Sommer entweder natürlich oder durch künstliche Kühlung abgeführt werden muß.

Beleuchtung

In den Räumen sollen Leuchtstoffröhren eingesetzt werden, welche nicht direkt an der Decke, sondern abgehängt über den Arbeitsplätzen (etwa 1 m über der Arbeitsfläche) angeordnet werden. In einem gewissen Raster werden an der Decke Haken angebracht, so daß diese abgehängten Leuchten sehr einfach anders plaziert werden können. Diese Leuchten sind über Lichtschalter schaltbar und sollen so gestaltet sein, daß sie auch seitlich einen Teil ihres Lichtes abgeben, so daß der Raum hierdurch ebenfalls beleuchtet wird. Falls an einzelnen Stellen (Schreibmaschinenplätze, Computerarbeitsplätze) zusätzlich Lichtquellen nötig sind, sollen hier Schreibtischlampen mit 11 Watt Kompaktleuchtstoffröhren eingesetzt werden.

In größeren Räumen (Gemeinschaftsräumen oder gegebenenfalls Multizonen) sind neben der Tür Lichtschalter vorgesehen, die nur einen Teil der Leuchten in Betrieb nehmen, so daß eine Orientierung im Raum möglich ist. An anderer Stelle können dann nach Bedarf zusätzliche Arbeitsleuchten eingeschaltet werden. Die installierte elektrische Leistung für die Beleuchtung beträgt nur einen relativ kleinen Teil dessen, was sonst bei ähnlichen Bürogebäuden üblich ist, ohne daß das Wohlbefinden der im Gebäude arbeitenden Menschen darunter leiden würde.

Legende zu den Zeichnungen

Holz längs

Holz

einfaches Mauerwerk

Mauerwerk aus Dämmstein

Beton

Estrich

Platten

Putz und Gipsplatten

Dampfsperre

Wärmedämmung

Kiesschüttung

Erdreich

Stichwortverzeichnis

Erfolg braucht ...

... eine starke Basis!

Liebe Leserin, lieber Leser,

mit diesem Werk haben Sie ein Handbuch erworben, das Ihnen wertvolle Anregungen und Detaillösungen für den Bau von Niedrigenergiehäusern bietet.

Wenn Sie sich für gebaute Solararchitektur interessieren, empfehlen wir Ihnen aus unserem Programm:

Schempp, Krampen, Möllring: Solares Bauen, Stadtplanung – Bauplanung

sowie

Schempp, Krampen: Glashaus Herten – Entwurf, Planung, Ausführung

Als Architektin/Architekt haben Sie in der **täglichen Praxis** mit

- **der Ausführungsplanung im Detail**
- **der Kostenplanung**
- **der Vergabe und**
- **der Bauleitung**

zu tun.

Ihre Auftraggeber stellen immer höhere Ansprüche, die Konkurrenz schläft nicht, und der Gesetzgeber läßt sich ständig etwas Neues einfallen. Darum wird es immer wichtiger, alle notwendigen Informationen schnell und praxisnah zu erhalten.

Die folgenden Bände sind Beispiele aus unserem Buchangebot, mit denen wir den Gesetzesdschungel für Sie durchschaubarer machen:

Bernhard Rauch: Architektenrecht und privates Baurecht für Architekten,
ein Handbuch mit zahlreichen Beispielen aus der Praxis

Rainer Eich: HOAI, Textausgabe '96 mit Kurzkommentar und
Interpolationstabellen,
die rechtliche Grundlage für Ihre künftige Honorarermittlung

Werner, Pastor, Müller: Baurecht von A–Z,
ein Lexikon des öffentlichen und privaten Baurechts

Wie man langfristig eine gute Auftragslage sichert, erfahren Sie in dem Werk:

Adolf-W. Sommer: Auftragsbeschaffung für Architekten und Ingenieure,
mit neuen Ideen, bewährten Methoden und Konzepten sowie anschaulichen Beispielen für Ihre Praxis.

Sichere Planung
effektive Vergabe
professionelle Bauleitung

Sie suchen: für alle Bereiche Ihrer täglichen Praxis solide Informationen und strukturierte Arbeitsmittel, die Ihnen helfen, optimale Arbeitsergebnisse zu erzielen.

Sie finden: in der Verlagsgesellschaft Rudolf Müller Bau-Fachinformationen GmbH & Co. KG, dem Fachverlag für Architekten und Planer, zu diesen Themen

- **Bücher**
- **Loseblatt-Werke**
- **Formulare und Checklisten**
- **Elektronische Medien**

als wertvolle Unterstützung zum Erreichen Ihrer Ziele.

Bestellen Sie unser ausführliches Verzeichnis für Architekten und Planer. Schreiben Sie uns, oder rufen Sie uns einfach an.

Ihre

Verlagsgesellschaft Rudolf Müller
Bau-Fachinformationen GmbH & Co. KG
Stolberger Str. 76
50933 Köln

Tel. 02 21 / 95 44 54 – 22
Fax 02 21 / 95 44 54 – 30